Hamburger Geophysikalische Einzelschriften
Herausgegeben von den Geophysikalischen Instituten
(Fachgebiete: Meteorologie, Ozeanographie, Physik des Erdkörpers)
der Universität Hamburg

Heft 8

Experimentelle und theoretische Untersuchungen über die atmosphärischen Zirkulationen, den jet stream und die zyklonalen Störungen

Experimental and theoretical research on the atmospheric circulations the jet stream and the cyclonic disturbances

von

P. Raethjen **M. Dunst**

K. Knolle **G. Fischer**

Hamburg 1967
Cram, de Gruyter u. Co

Preis: DM 18,—

Diese Publikation ist zwar äußerlich in vier Abhandlungen geteilt aber dem Inhalt nach eine gemeinsame team-Arbeit. Alle vier Abhandlungen wurden stimuliert durch Modellversuche im rotierenden Wassertrog. Denen, die dafür hilfreich wurden, sagen die vier Autoren ihren gemeinsamen Dank: der Hamburger Hochschulbehörde und dem Rektor magnificus Prof. Dr. Karl Schiller, die zur rechten Zeit den Bau einer großen Apparatur gefördert haben; dem Bundesministerium der Verteidigung, welches von Anbeginn bis jetzt diese Forschung wirksam unterstützt hat (ohne diese Unterstützung hätten die Experimente nicht durchgeführt werden können); der Deutschen Forschungsgemeinschaft, die nach den sauren Jahren des Apparatur-Aufbaus personelle Mittel bereit stellte; Herrn Prof. Dr. R. Burkhardt, Berlin, nebst Dr.-Ing. Weimann und Dipl.-Ing. Strauß, die seit 1958 ihre photogrammetrische Fachberatung gespendet und letztlich eine tätige Mitarbeit entfaltet haben; last not least Herrn Prof. Dr. K. Brocks, der diesen Untersuchungen sein Interesse zuwandte. Auch allen technischen Helfern, insbesondere der Bau- und Montagegesellschaft, Hamburg, dem Harburger Bauamt, Ingenieuren, Mechanikern und Elektrikern, Schlossern, Tischlern und Betonierern sei Dank für ihre Aufbauarbeit gesagt.

Inhalt

Die planetarischen Großzirkulationen der Atmosphäre werden energetisch von den horizontalen Di- und Konvergenzen beherrscht, im übrigen durch Reibung, Schwerkraft und Erdrotation bestimmt. Daher darf man erwarten, daß diese vier Wirkungsfaktoren auch in einer rotierenden Wasserwanne ähnliche Zirkulationen erzeugen können, wenn gewisse Ähnlichkeitsbedingungen einerseits für die Größe und Rotationsgeschwindigkeit der Wanne, andererseits für die Anordnung der Quellen und Senken erfüllt werden.

Durch Modellversuche wird bewiesen, daß am antizyklonal scherenden Rande des jet stream (Südrand auf der Nordhalbkugel) keine oder nur schwache Energiedissipation (Reibungsarbeit) stattfindet, dagegen sehr starke am zyklonal scherenden (polseitigen) Rand. Man darf daher folgern: Dasselbe gilt für alle anderen fronthaften Scherungsfelder und ist für die Energetik der Atmosphäre, insbesondere für die Entstehung der Fronten bedeutungsvoll.

C. <u>Modellexperimente über Zyklogenesis im Entropiefeld vom jet stream-Typ</u>

von K. Knolle Seite 97 bis 144

In zahlreichen Modellversuchen werden alle in der rotierenden Wanne vorhandenen Möglichkeiten untersucht, wie zyklonale Wirbel durch Horizontalkonvergenz entstehen. Dabei findet man drei verschiedenartige "zyklogenetische" Versuchsanordnungen, von denen aber nur eine in atmosphärischen "Frontalzonen" ähnlich gegeben ist. Aus diesen Experimenten darf man folgern: Die "Frontalzyklone", bisher als "Grenzflächenwelle" verstanden, kann weder entstehen noch bestehen ohne den "Einschub" substratosphärischer Luftmassen in den Keilraum der Frontalzonen-Isentropen.

D. <u>Modellrechnungen zur Verlagerung von Wirbeln in rotierenden Flüssigkeiten</u>

von G. Fischer Seite 145 bis 179

Diese Modellrechnung tritt mit analytischen und numerischen Methoden als theoretische Ergänzung an die Seite der unter C beschriebenen Experimente, welche dadurch im wesentlichen bestätigt werden. Außerdem zeigt die Rechnung, daß mit den Wirbeln Translationsfelder entstehen, sich dem abschwächenden Wirbelfeld überlagern und dieses z. T. steuern. Die Ähnlichkeit der Wirbelfelder mit atmosphärischen Zyklonen (niederer und höherer Breiten) ist frappant. Insgesamt bestätigt es sich, daß die horizontale Di- und Konvergenz für die Entwicklung der Wirbelfelder entscheidende Bedeutung hat.

Contents

The large atmospheric circulations are energeticly supported by horizontal di- and convergence and moreover determined by friction, gravity and earth's rotation. Therefore one can suppose the mentioned four effects can be simulated in a rotating water bowl of such a kind which is similar with the earth's atmosphere.

Model experiments demonstrate: Only the cyclonic shearing border of the jet stream (northern border in the northern hemisphere) does a considerable friction work, not the anticyclonic shearing (southern) border. The former has "isotrop", the latter "monotrop" exchange of momentum. Therefore one can suppose this difference is important to all other shearing currents too, especially with respect to development of fronts.

C. Model experiments on cyclogenesis between divergent isentropes of frontal zone

by K. Knolle page 97 to 144

This paper investigates all cyclogenetic possibilities given in the rotating water bowl. Thereby three cyclogenetic types result but only one of them appears in the atmospheric "frontal cyclone". The experiments suggest: This cyclone, conceived until now as a "boundary wave", cannot rise nor exist without an air mass injection from the substratosphere into the troposphere between the vertical divergent isentropes of frontal zone.

D. Analytical and Numerical Computations of Vortex Displacements in rotating fluids

by G. Fischer page 145 to 179

These computations are a theoretical supplement to the experiments of Knolle and give some verifications first. Moreover a developing translational current superimposed on the decreasing rotational motion partly steers the vortex system resulting into a velocity and pressure field, which resembles very much that of atmospheric cyclones. Altogether the great effect of horizontal di- and convergence appears.

Zur Energetik der Allgemeinen Zirkulation und des planetarischen jet stream

von P. Raethjen

Zusammenfassung: Das wichtigste Problem der Zirkulationsenergetik ist die Entstehung und Erhaltung der kinetischen Energie, welch letztere weit überwiegend aus Horizontalströmungen besteht und fortwährend durch Reibung verbraucht wird. Hierfür gilt das Gesetz: Tiefdruckgebiete mit Horizontalkonvergenz, desgleichen Hochdruckgebiete mit Horizontaldivergenz leisten Arbeit zugunsten der horizontalkinetischen Energie. Daraus ergeben sich mit Rücksicht auf die Kontinuität wesentliche Konsequenzen für den in niederen und hohen Breiten verschiedenen Schichtaufbau der Kon- und Divergenzen, Wärme- und Kältequellen; vor allem auch für die energetisch sinnvolle Einordnung der Zonal- und Meridionalzirkulation, des "jet stream" und "cutoff", der "Tropopausentrichter" und "Kältepole" in das gesamte Zirkulationssystem.

Summary: The most important problem of the general circulation energetics is the rise and preservation of horizontal current kinetic energy always will be dissipated by friction. The following law is valid: Low pressure area with horizontal convergence and high pressure area with horizontal divergence do work supporting the kinetic energy of horizontal currents. Hereby with respect to the continuity a different stratification of divergence and heat results in different latitudes. Especially the energetic role becomes evidently the "geostrophic" and "ageostrophic" currents the "jet stream" and "cutoff" the "crater of tropopause" and "cold dome" play in the system of general circulation.

I. Zirkulationssystem oder Großturbulenz?

Jede Zeit hat ihre Stärke und Schwäche. Das gilt auch für die Wissenschaft, insbesondere für die Meteorologie. Die Stärke unserer Zeit ist ihre Nüchternheit. Sie läßt sich nicht mehr blenden durch Ideen und Ideologien. In der Wissenschaft werden Beobachtungen groß geschrieben. Hypothesen gelten wenig. Aber eine Schwäche unserer heutigen Wissenschaft ist die Anhäufung von Beobachtungsmaterial, das sich kaum noch übersehen läßt.

Frühere Generationen taten sich leichter: Hadley, Ferrel, Helmholtz und V. Bjerknes, auch noch L. Prandtl hatten klare und einfache Vorstellungen vom System der Allgemeinen Zirkulation der Atmosphäre. Heute lehnen es viele meteorologische Forscher ab, derart einfache Modelle zu suchen und sprechen stattdessen von einer allgemeinen "Großturbulenz". Denn in den Beobachtungen ist direkt kein deutliches "System" zu erkennen.

Bei diesem Verzicht geht leider die Kausalität verloren; der Zusammenhang mit dem Wärmehaushalt wird dann antikausal gesehen: Die "Allgemeine Großturbulenz" gilt aus Ursache des polwärts fließenden Wärmetransports, und als "Energetik" präsentiert man den Nachweis dieses Transports aus den Beobachtungen.

Dagegen waren ältere Meteorologengenerationen überzeugt, daß die "Allgemeine Zirkulation" eine große Wärmekraftmaschine ist, daß die Wärmeübergänge von niederen nach höheren Breiten eine Umwandlung von Wärme in Arbeit enthalten, und daß diese Arbeit das Zirkulationssystem in Gang hält. Demnach dürfte eine "Energetik" der allgemeinen Zirkulation sich nicht mit der Feststellung begnügen, daß die beobachteten Luftströmungen die beobachtete Wärme von niederen nach höheren Breiten befördern.

Es ist auch nicht möglich, die geleistete Arbeit nur aus den beobachteten Wärmetransporten zu berechnen, weil der Wirkungsgrad dieser Maschine so gering ist, daß die unvermeidlichen Beobachtungsfehler größer sind als der kleine Wärmeanteil, der sich in Arbeit verwandelt.

Übrigens würde kein Ingenieur auf die absurde Idee kommen, die Arbeitsleistung einer Dampfmaschine mit ausschließlich kalorischen Wärmemessungen zu bestimmen. Prinzipiell wäre es zwar möglich, die Kalorien zu messen, welche dem Heizkessel zugeführt und diejenigen, welche vom Kondensor abgegeben werden. Ihre Differenz wäre der Wärmewert der geleisteten Arbeit. Stattdessen bestimmt aber der Ingenieur die Arbeitsleistung mechanisch durch "Abbremsen".

Dasselbe Verfahren kann man auf die atmosphärische Zirkulation anwenden, indem man die gesamte mechanische Reibungsarbeit berechnet, die in der Atmosphäre anfällt. Diese muß im Mittel gleich der im Zirkulationssystem gewonnenen Arbeit sein. Es ist auch nicht schwer, die Reibungsarbeit näherungsweise zu berechnen, weil sie überwiegend am Erdboden (in der bodennahen Reibungsschicht) anfällt. Aber dabei bleibt es verborgen, wo, wann und wie diese Arbeit geleistet wird. Dies ist die Frage, welche für die Verbesserung der Mittel- und Langfristenprognosen dieselbe Bedeutung hat, wie die Motorenentwicklung für das Flugwesen.

Dieses Energieproblem kann nur in einem Zirkulationssystem behandelt werden, welches nicht als "Großturbulenz" verstanden wird. Dabei sind nicht diejenigen Zirkulationen beachtenswert, die am deutlichsten beobachtet werden, sondern diejenigen, welche für die Arbeitsleistung des Systems wesentlich sind. Die ersteren sind ungefähr Gradientwinde, die letzteren Abweichungen vom Gradientwind.

Im grob vereinfachten "planetarischen" System erscheinen die Westwinde mittlerer Breiten sehr deutlich. Aber sie enthalten keinen Arbeitsgewinn. Man könnte sie als "Schwungrad" der atmosphärischen Wärmekraftmaschine bezeichnen. Daher müssen Meridionalzirkulationen in diesem System auftreten, um die notwendige Arbeit zu leisten.

Dies wird in einem einfachen Modellversuch deutlich, dessen Apparatur weiter unten von M. Dunst beschrieben ist:
In einer rotierenden kreisrunden Wasserwanne (etwa 4 m Durchmesser) pumpt man im Zentrum das Wasser heraus und führt es dem Rande (rundum gleich verteilt) wieder zu, wobei die Pumpen und Rohrleitungen mitrotieren. Dadurch bewirkt man in der Wanne den oberen Ast einer schwachen

"Meridionalzirkulation" (vom Rand zum Zentrum), welcher nicht direkt als Strömung beobachtet werden kann, wenn die Pumpleistung in mäßigen Grenzen bleibt. Dennoch entsteht dabei eine gewaltige "Zonalzirkulation", ein mit der Wanne konzentrischer Horizontalumlauf des Wassers, welcher der Wannenrotation schnell und deutlich sichtbar vorausläuft. Gleichzeitig hebt sich die Wasseroberfläche am Rande erheblich über die Gleichgewichtsoberfläche der "quasistarren" Rotation (Rotationsparaboloid) und senkt sich in der Wannenmitte unter dieselbe.

In diesem Modellversuch erkennt man: Eine nicht direkt sichtbare "Meridionalzirkulation" leistet die Arbeit zur Entstehung der deutlich sichtbaren "Zonalzirkulation" (kinetische Energie), desgleichen zur Hebung der Isobarflächen (und Wasseroberfläche) in "niederen" und Senkung in "hohen Breiten" (potentielle Energie). Würde die Wasserwanne bei diesem Versuch nicht rotieren, so würde weder die potentielle noch die kinetische Zonalzirkulationsenergie auftreten, stattdessen aber eine kräftigere Meridionalströmung. Da die Pumpe dann nicht gegen einen Niveau-Unterschied des Wassers anpumpt, bewegt sie bedeutend größere Wassermengen.

Man sieht an dem Modellversuch: Es ist eine Eigenart rotierender Zirkulationssysteme (mit geringer Reibung), daß die Arbeit leistenden Zirkulationen nicht als Strömung sichtbar werden, daß aber senkrecht zu diesen deutlich sichtbare Trägheitszirkulationen ("Schwungräder") auftreten. Dasselbe gilt, wie weiter unten K. Knolle darlegen wird, nicht nur für das planetarische (fast permanente) Zirkulationssystem sondern auch für die sogenannten "Störungen", die bei äußerlicher (nur beobachtender) Betrachtung als "Großturbulenz" erscheinen.

Insbesondere hat der Verfasser im Heft 4 der Geophysikalischen Einzelschriften nachgewiesen, daß der wetterhafte "jet stream" sich von einer seitlichen Impulszufuhr ernährt, welche selbst synoptisch verborgen bleibt. Entsprechendes wird weiter unten (im Abschnitt V) für den zonalen Westwindring mittlerer Breiten gezeigt, den wir dieserhalb als "planetarischen jet stream" bezeichnen. Beide, sowohl der "wetterhafte" als auch der "planetarische" jet stream sind als deutlich sichtbare Starkströme eingebettet in weniger bewegte Luftmassen. Beide haben ihr Windmaximum in der Tropopause und bekommen ihren Impulsnachschub durch synoptisch verborgenen seitlichen Zufluß.

II. Druckfeldarbeit und Reibung

Da die Atmosphäre in vertikaler Richtung relativ klein, horizontal aber sehr weiträumig ist, bestehen ihre Zirkulationen weit überwiegend aus Horizontalströmen. Der Vorrat der kinetischen Energie dieses Zirkulationssystems (relativ zur Erde gerechnet) steckt also wesentlich in Horizontalströmung. Auch der Energieverbrauch durch Reibung betrifft direkt nur die horizontale Komponente. Um das Zirkulationssystem zu erhalten, bedarf es also der Arbeitsleistung horizontaler Kräfte. Hierfür kommt nur der horizontale Druckgradient in Frage, weil die Corioliskraft (als bahnsenkrechte Kraft) keine Arbeit leistet.

Diesen Sachverhalt leitet man in bekannter Weise aus den dynamischen Grundgleichungen ab, von denen im vorliegenden Fall nur die Horizontalkomponenten Bedeutung haben:

$$(1) \qquad -\frac{\partial p}{\partial x} = -\rho \cdot f \cdot v + \rho \cdot \frac{du}{dt},$$

$$-\frac{\partial p}{\partial y} = +\rho \cdot f \cdot u + \rho \cdot \frac{dv}{dt}.$$

Dabei bedeuten x und y horizontale Koordinaten, p den Luftdruck, $f = 2\omega \sin\varphi$ den Corioliparameter, ρ die Luftdichte, u und v Horizontalgeschwindigkeitskomponenten. Erweitert man die erste dieser Gleichungen mit u, die zweite mit v und addiert dann beide, so ergibt sich

$$(2) \qquad -\left(u \frac{\partial p}{\partial x} + v \frac{\partial p}{\partial y}\right) = \frac{\rho}{2} \frac{d}{dt} (u^2 + v^2) = \frac{\rho}{2} \frac{d w_h^2}{dt}.$$

Hier steht auf der linken Seite die Arbeitsleistung des horizontalen Druckgradienten, auf der rechten Seite die individuelle Änderung der horizontalkinetischen Energie (beide im Einheitsvolumen).

Man sieht, daß in Gl. (2) weder die Corioliskraft noch die Schwerkraft beteiligt ist. Dies ist auch direkt evident, denn die Corioliskraft steht senkrecht auf dem Geschwindigkeitsvektor, die Schwerkraft senkrecht auf der Horizontalen. Beide lassen also w_h^2 unverändert. Dieserhalb ist die Frage nach der *mechanischen* Entstehung und Vernichtung der *horizontalkinetischen* Energie leicht zu beantworten:

Die horizontalkinetische Energie (relativ zur Erde gerechnet) entsteht durch die Arbeitsleistung des horizontalen Druckgradienten und wird durch Reibung, insbesondere durch die Reibung am Erdboden vernichtet.

Dabei kann selbstverständlich die linke Seite der Gl. (2) auch ein *negativer* Betrag sein. D.h. die potentielle Energie des horizontalen Druckfeldes kann sich auf Kosten der horizontalkinetischen Energie vermehren. Dann ist die "Entstehung" kinetischer Energie negativ. Diese Arbeitsleistung ist also *reversibel* im Gegensatz zu der Reibungsarbeit. Die letztere verwandelt stets mechanische Energie in Wärme (irreversibel).

Im *Gesamtsystem* der allgemeinen Zirkulation (einschließlich wetterhafter und kleinräumiger Zirkulationen) gibt es also die *irreversible* Umwandlung horizontalkinetischer Energie in Wärme, d.h. also "Energievernichtung" D (Dissipation), außerdem die *reversible* Umwandlung durch Druckfeldarbeit A. Für letztere gilt die Gleichung:

$$A = - \int^{\tau} \left(u \frac{\partial p}{\partial x} + v \frac{\partial p}{\partial y} \right) d\tau \,, \tag{3}$$

integriert über den Raum τ. Im Gesamtraum $\bar{\tau}$ der ganzen Atmosphäre ergibt sich eine entsprechende Gleichung für $\bar{A}$.

Die *gesamte* horizontalkinetische Energie der ganzen Atmosphäre nimmt zu, wenn $\bar{A} > \bar{D}$ ist. Sie nimmt ab, wenn $\bar{D} > \bar{A}$ ist. Dabei muß stets

$$\bar{A} - \bar{D} \ll \bar{D}, \text{ mithin } \bar{A} \cong \bar{D} \tag{4}$$

sein. Sonst würden ganz abnorme Zirkulationszustände auftreten. Andererseits kann $\bar{D}$ *nur positiv* sein. denn die "Vernichtung" kinetischer Energie durch Reibung ist irreversibel. Nach Gl. (4) muß also auch $\bar{A}$ positiv sein:

Im Gesamtsystem der allgemeinen Zirkulation muß durch Druckfeldarbeit bedeutend mehr horizontalkinetische Energie entstehen, als in potentielle Energie rückverwandelt wird.

Nun ist aber bekannt, daß der Reibungseffekt D überwiegend in den untersten 1000 m der Atmosphäre anfällt. Wahrscheinlich werden durch Wolkenkonvektion und andere "thermische" Austauschströme auch noch Schichten von 1000 bis etwa 5000 m direkt davon betroffen. Dagegen liegt kein Grund vor zu der Annahme, daß auch die Entstehung A der horizontalkinetischen Energie sich auf diese "Unterschicht" beschränkt. Denn die Wettervorgänge erstrecken sich bis etwa 20 km Höhe und die Winde sind normalerweise zwischen 5 und 20 km Höhe erheblich stärker als zwischen der Erdoberfläche und 5 km.

Deshalb unterscheiden wir (auf der Nordhalbkugel) eine "Unterschicht" (Index u), in welcher normalerweise

$$D_u > A_u \tag{5}$$

ist, von einer "Oberschicht" (Index o), in welcher

$$A_o > D_o \tag{6}$$

ist, und nehmen zunächst 5 km als Grenzniveau an (Abb. 2). Vielleicht liegt auf der Südhalbkugel das Grenzniveau etwas niedriger als auf der Nordhalbkugel. In hohen Breiten erscheint es weniger deutlich als in niederen. Aber irgendwie ist es vorhanden.

Nach Ungl. (6) muß also A_o ein wesentlich positiver Wert sein: In der Oberschicht überwiegt eine positive Arbeitsleistung des horizontalen Druckgradienten zugunsten der horizontalkinetischen Energie.

III. Horizontaldivergenz

Wir betrachten zunächst das horizontale Druckfeld der Oberschicht: Abb. 1 zeigt die 500 mb-Topographie der Nordhalbkugel im Januar nach R. Scherhag [1]: Hoher Druck in niederen, tiefer Druck in hohen Breiten. Dasselbe gilt auch für noch höhere Schichten bis etwa 20 km Höhe

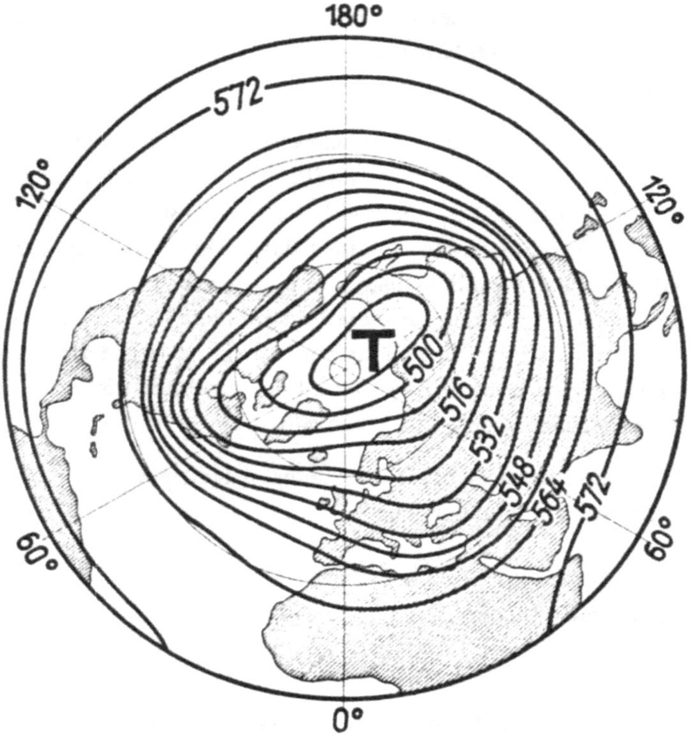

Abb. 1: **Absolute Topographie der 500 mb-Fläche der Nordhalbkugel im Januar nach R. Scherhag [I]. Die Zahlen bezeichnen die Höhe der 500 mb-Fläche über Meer in der Einheit 10 gdm**

und ebenso für andere Jahreszeiten und die Südhalbkugel. Da ein horizontaler Druckgradient für die Entstehung horizontalkinetischer Energie unentbehrlich ist, stellen wir als erstes fest, daß dieser in einer Oberschicht zwischen etwa 5 und 20 km auftritt.

Mit der polwärts geneigten Isobarfläche verbunden sind westliche Winde. Man erkennt also aus Abb. 1, daß im 500 mb-Niveau mittlerer Breiten kräftige Westwinde vorherrschen. Dasselbe zeigt noch kräftiger die Topographie der 250-mb-Fläche, und man könnte vielleicht vermuten, daß die Westwindgeschwindigkeit mit noch größerer Höhe weiter zunimmt. Dies ist aber nicht der Fall. Schon das loo-mb-Niveau hat weniger starke Westwinde als 2oo mb. In 5o mb herrschen (in mittleren Breiten) sommerliche Ost- und winterliche Westwinde, oberhalb des 25-mb-Niveaus überwiegen im Jahresmittel die Ostwinde.

Im langjährigen Mittel haben also die Westwinde mittlerer Breiten ihr Maximum in oder unmittelbar über der Tropopause. Hieran erkennt man die Bedeutung der Tropopause für das "planetarische" Zirkulationssystem: Die Tropopause ist nicht ein zufälliges Ergebnis des Strahlungshaushalts sondern ein integrierender Bestandteil der allgemeinen Zirkulation. Weiter unten in Abb. 3 wird das deutlicher werden. Aber hier erinnern wir uns, daß auch der wetterhafte "jet stream" sein Windmaximum im Tropopausenniveau oder unmittelbar darüber besitzt: Der Begriff "Strahlstrom" bedeutet einen "Strahl", der nicht nur beiderseits sondern auch oben und unten von weniger bewegter Luft umgeben ist. Deshalb dürfen wir die starken planetarischen Westwinde, im langjährigen Mittel betrachtet, als "planetarischen jet stream" bezeichnen, um damit hervorzuheben, daß sich ihr Maximalwert mit der Tropopause verbindet. Weiter unten werden wir sehen, daß es sich lohnt, diese Verknüpfung zu beachten: Die kinetische Energie der allgemeinen Zirkulation befindet sich zum größeren Teil zwischen 5 und 2o km Höhe. Ihr Maximum (pro Volumeneinheit) verknüpft sich deutlich mit der Tropopause.

Abb. 2 zeigt die Einteilung der zirkulationsträchtigen Atmosphäre in zwei Schichten gleicher Massenmächtigkeit, die "Unterschicht" vom Erdboden bis ungefähr 5 km Höhe, die "Oberschicht" von 5 bis 2o km Höhe. In dieser ist τ_1 der ringförmige Raum mit hohem Druck, τ_2 die Polarkalotte mit tiefem Druck (Drucke horizontal verglichen).

R ist die Randfläche zwischen diesen Räumen τ_1 und τ_2. Der Rand ist "horizontalisobar" definiert derart, daß jeder Horizontalschnitt durch R eine Isobarlinie (mit dem Druck p_R) ist. Im übrigen soll R irgendwie und irgendwo zwischen 2o° und 5o° Breite liegen, so daß die Luft in τ_1 überwiegend Wärmezufuhr (Pluszeichen in Abb. 2), in τ_2 Wärmeentziehung (Minuszeichen in Abb. 2) erleidet.

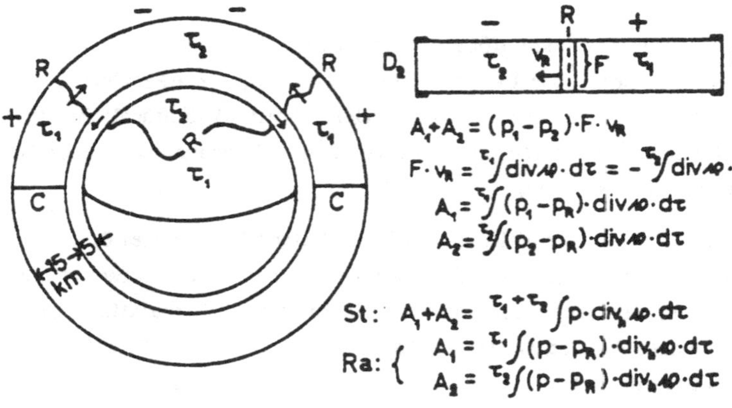

A Arbeitsleistung des horizontalen Druckgradienten für kinetische Energie

Abb. 2: Erzeugung horizontalkinetischer Energie in einer Oberschicht und zugehörige Formeln. Rechts oben Zylinder-Analogie. + Wärmezufuhr, - Wärmeabgabe. τ_1, τ_2 Horizontalräume. R Randfläche bzw. Kolben. F Kolbenfläche. v_R Kolbengeschwindigkeit. C Calmenrand. A_1 Arbeitsleistung des horizontalen Druckgradienten in τ_1. A_2 dasselbe in τ_2. div. Divergenz. div_h Horizontaldivergenz. $\mathfrak{v}$ Luftbewegungsvektor in $d\tau$. p Luftdruck in $d\tau$. p_R Luftdruck am Rande R in gleicher Höhe wie $d\tau$. St kennzeichnet die Formel von V. P. Starr [2], Ra die Formeln von P. Raethjen.

Wenn der äquatoriale Rand C (Abb. 2) in den Calmen liegt, genügt es, nur eine Halbkugelschale ($\tau_1 + \tau_2$) für sich allein zu betrachten. Aber anschaulicher als in der Halbkugelschale vollzieht sich die kinetische Energetik in einem luftgefüllten Zylinder (ähnlich dem einer Dampfmaschine), der an einem Ende geheizt, am anderen Ende gekühlt wird (Abb. 2 rechts oben). Auch hier ist die Heizung und Kühlung durch Plus- und Minuszeichen angedeutet. Als "Rand" R befindet sich im Zylinder ein leicht beweglicher Kolben.

Die zugehörigen Formeln sind in Abb. 2 eingetragen. Die vier oberen gelten für das Zylindermodell, die drei unteren für irgendeine atmosphärische Horizontalschicht. (Letzteres wird weiter unten in Abschnitt IV bewiesen.) A_1 bedeutet die Arbeitsleistung der horizontalen Druckunterschiede im Raume τ_1, A_2 im Raume τ_2.

Man sieht, daß es auf das P r o d u k t $(p - p_R) \cdot \mathrm{div}_h \mathfrak{w}$ (horizontaler Druckunterschied multipliziert mit der Horizontaldivergenz) ankommt. Dieses Produkt ist in beiden Räumen τ_1 und τ_2 positiv, wenn das Hochdruckgebiet $(p - p_R > 0)$ überwiegend positive, das Tiefdruckgebiet $(p - p_R < 0)$ überwiegend negative Horizontaldivergenz besitzt. Mit St gekennzeichnet ist in Abb. 2 die Formel von V. P. S t a r r [2]. Diese hat, obwohl sie mathematisch richtig ist, den physikalisch falschen Eindruck erweckt, daß nur Gebiete mit positiver Horizontaldivergenz positive Arbeitsleistung A erbringen. Aber unsere (in Abb. 2 mit Ra gekennzeichneten) Formeln zeigen, daß Tiefdruckgebiete mit Konvergenz ebenso wie Hochdruckgebiete mit Divergenz positive Arbeit für horizontalkinetische Energie leisten. Dies ist auch nach der Vorticitygleichung einleuchtend, denn Horizontalkonvergenz läßt ein zyklonales, Horizontaldivergenz ein antizyklonales Stromfeld entstehen.

Die Größenordnung der Beträge A in den planetarischen Räumen τ_1 bzw. τ_2 kann man folgendermaßen abschätzen: Wenn die Isobarflächen im Gebiet τ durchschnittlich 100 m höher (bzw. tiefer) liegen als auf dem Rand (Abb. 2 links), so genügt schon die sehr geringe Horizontaldivergenz (bzw. Konvergenz) 10^{-6} [1/sec], um über dem cm^2 pro Sekunde die kinetische Energie 5000 [erg/cm^2] zu erzeugen. Diese würde am Erdboden ausreichen, um die Reibungsarbeit von 10 [m/sec] Wind zu bestreiten. Eine vielfach größere Windstärke würde dann oben in τ herrschen, diese jedoch nur mit geringer permanenter M e r i d i o n a l komponente von 1 bis 2 [m/sec].

Für die Anwendung wichtig ist zweierlei: Erstens kann horizontalkinetische Energie in irgendeinem (isobar begrenzten) Horizontalraum τ der Atmosphäre nicht auf andere Art sondern n u r nach diesen Gleichungen (mit positivem A) entstehen. Zweitens gelten sie auch für w e t t e r h a f t - nichtpermanente Hoch- und Tiefdruckgebiete, sofern diese von geschlossenen Horizontalisobaren umgeben sind. (Beides wird im Abschnitt IV bewiesen). $(p - p_R)$ ist dabei stets der h o r i z o n t a l e Druckunterschied des Elementarraumes $d\tau$ gegenüber dem (gleich hoch gelegenen) "horizontalisobaren" Rand R.

Die allgemeine Zirkulation kann also ein System von o b e r e n Hoch- und Tiefdruckgebieten nicht entbehren, in welchem die ersteren mit Horizontaldivergenz, die letzteren mit Konvergenz ausgestattet sind: Zunächst die großen permanent-planetarischen Gebiete τ_1 und τ_2 der Abb. 2, außerdem einige klimatisch bedingte und zahlreiche wetterhafte Hoch- und Tiefdruckgebiete. Zu diesem System gehören vor allem die sogenannten "warmen" Hochs und "kalten" Tiefs. Denn einerseits handelt es sich um obere Druckfelder, andererseits funktioniert die Divergenz-Energetik nur dann, wenn die Tiefdruckgebiete (diabatisch) gekühlt und die Hochdruckgebiete (diabatisch) erwärmt werden (wie oben erwähnt). Aber selbstverständlich bleibt dabei noch die Frage offen, in welchem Höhenniveau die Grenze zwischen der Oberschicht und Unterschicht liegt. In Abb. 2 bedeutet die 5 km-Grenze eine vorläufige Annahme.

Anmerkung: Die bekannte Tatsache, daß in wetterhaften Hochdruckgebieten troposphärische Subsidenz, in Tiefdruckgebieten troposphärische Aufwärtsbewegung beobachtet wird, ist kein Gegenbeweis. Denn die Cirrusbewölkung der Hochdruckgebiete zeigt, daß deren Subsidenz nur unteren und mittleren Schichten eigen ist, und in Abb. 5 wird ersichtlich, daß wetterhafte Tiefdruckgebiete jedenfalls in der Entstehungsphase sinkende Stratosphärenmassen besitzen.

IV. Arbeitsleistung im Tief- oder Hochdruckgebiet

τ sei der Horizontalraum irgendeines horizontalisobar umrandeten Tief- oder Hochdruckgebiets. Die im Element $d\tau = dx\,dy\,dz$ anfallende Arbeitsleistung des horizontalen Druckgradienten ist nach Gl. (2):

$$(7) \qquad dA = -\left(u \frac{\partial p}{\partial x} + v \frac{\partial p}{\partial y}\right) dx\,dy\,dz$$

$$= \left\{ p \cdot \mathrm{div}_h \mathfrak{w} - \mathrm{div}_h (p \cdot \mathfrak{w}) \right\} d\tau \,.$$

Über τ integriert, ergibt sich:

$$(8) \qquad A = \int^{\tau} p \cdot \mathrm{div}_h \mathfrak{w} \cdot d\tau - \int^{\tau} \mathrm{div}_h (p \cdot \mathfrak{w}) \cdot d\tau \,,$$

oder in anderer Schreibweise:

$$(9) \qquad A = \int^{\tau} p \cdot \mathrm{div}_h \mathfrak{v} \cdot d\tau - \int_{z_1}^{z_2} dz \cdot \int^{F} \mathrm{div}_h (p \cdot \mathfrak{v}) \cdot dF .$$

Dabei bezeichnet z_1 die Untergrenze, z_2 die Obergrenze von τ und F jede horizontale Schnittfläche in τ.

Das Flächenintegral über F wird nach V. P. Starr [2] in ein Randintegral über die F umrandende isobare Linie s umgewandelt (Integralsatz von Gauss):

$$(10) \qquad \int^{F} \mathrm{div}_h (p \cdot \mathfrak{v}) \cdot dF = \int^{s} p_R \cdot v_n \cdot ds = p_R \cdot \int^{s} v_n \cdot ds ,$$

wobei v_n die auf ds senkrechte Horizontalkomponente von $\mathfrak{v}$ bedeutet.

<u>Anmerkung</u>: V. P. Starr [2] wählt als Randlinie s nicht eine Horizontal-Isobare, sondern eine beliebige horizontale Linie. Wenn wir den Rand R ebenso allgemein definieren würden, dürften wir in dem Randintegral über s nicht p_R als Konstante behandeln. Wir halten es aber für sinnvoll, als Rand eines Hoch- oder Tiefdruckgebiets eine Horizontalisobare zu wählen.

An dieser Stelle verlassen wir also Starrs Beweisführung [2] und wenden den Integralsatz von Gauss nochmals an:

$$(11) \qquad \int^{s} v_n \cdot ds = \int^{F} \mathrm{div}_h \mathfrak{v} \cdot dF .$$

Diese Gl. (11) setzen wir in Gl. (10) ein und erhalten durch Integration über z:

$$(12) \qquad \int \mathrm{div}_h (p \cdot \mathfrak{v}) \cdot d\tau = \int p_R \cdot \mathrm{div}_h \mathfrak{v} \cdot d\tau .$$

Wenn wir diese Gl. (12) in Gl. (8) einsetzen, erhalten wir:

$$(13) \qquad A = \int^{\tau} (p - p_R) \cdot \mathrm{div}_h \mathfrak{v} \cdot d\tau ,$$

was zu beweisen war.

Übrigens zeigt die Gl. (10), wie die "Calmengrenze" C (Abb. 2) gelegt werden muß, damit die Halbkugelschale für sich allein behandelt werden darf, nämlich so, daß

$$(14) \qquad \int_{z_1}^{z_2} p_C \cdot dz \cdot \int^{C} v_n \cdot ds = 0 \quad \text{ist.}$$

Anmerkung: Wenn wir nicht eine "horizontalisobare" sondern eine beliebige Umrandung (R) des Hoch- oder Tiefdruckgebiets voraussetzen, erhalten wir (ähnlich wie Starr) als Endformel folgenden Term:

$$(13\,a) \qquad A = \int^{\tau} p \cdot \mathrm{div}_h \mathfrak{w} \cdot d\tau - \int_{z_1}^{z_2} dz \cdot \int^{s} p_R \cdot v_n \cdot ds.$$

Aber auch in dieser Formel würde der Verfasser das Randintegral nicht (wie V. P. Starr) als eine "am Rande geleistete" Arbeit interpretieren. Denn dieses Glied bezeichnet nur die Quantität, nicht den Ort, wo die Arbeit geleistet wird.

Die Beziehung (13) zwischen Arbeitsleistung (A), Druckfeld (p) und Divergenz ($\mathrm{div}_h \mathfrak{w}$) betrifft offenbar nur die mechanische Energieumwandlung (potentieller in kinetische oder kinetischer in potentielle Energie) und kann daher auch im Wassermodell studiert werden:

Man läßt eine kreisrunde Wasserwanne von etwa 4 m Durchmesser um ihre zentrale (vertikale) Achse rotieren. Dann bildet sich die Gleichgewichtsoberfläche des rotierenden Wassers als Rotationsparaboloid. Der Wannenboden möge ebenfalls ein solches Paraboloid bilden, so daß das rotierende Wasser in der (rotierenden) Wanne überall dieselbe Tiefe hat. Dieser Fall der "quasistarren" Wasserrotation entspricht einer überall "windstillen" Atmosphäre, also dem "Nullfall" der kinetischen Energie. Wenn man nun durch eine irgendwo im Wannenboden angebrachte Sieböffnung Wasser herauspumpt, ergibt sich in der Wanne über diesem Sieb eine "horizontale" Konvergenz. Hier kann daher die kinetische Energie eines zyklonalen Wirbels nur dann entstehen, wenn sich zuvor ein (wenn auch nur schwaches) "Tiefdruckgebiet" bildet. K. Knolle wird in diesem Heft ausführlich über solche zyklogenetischen Wassermodelle (und ihre Nebenbedingungen) berichten.

Pumpt man durch eine andere Sieböffnung des (rotierenden) Wannenbodens Wasser hinein, so ergibt sich über diesem Sieb in der Wanne horizontale Divergenz. Hier kann dann die kinetische Energie eines antizyklonalen

Wirbels nur entstehen, wenn sich z u v o r ein (schwaches) Hochdruckgebiet bildet.

Bei der Zyklogenesis und Antizyklogenesis hat also die Entstehung des Druckfeldes einen kleinen zeitlichen Vorsprung vor derjenigen des Stromfeldes: Solange sich der Wirbel verstärkt, muß der zugehörige Druckgradient ein wenig stärker (der Wirbel ein wenig schwächer) sein, als es dem "zyklogeostrophischen" Gleichgewicht entsprechen würde.

V. Divergenz-Schichtung und Tropopause

Wenn die "planetarischen" Räume τ_1 (Abb. 2 links) Horizontaldivergenz, τ_2 (Abb. 2) Konvergenz besitzen, ergibt sich auf dem Rande R eine Meridionalströmung polwärts. Darunter muß also eine Strömung äquatorwärts setzen; die Unterschicht muß die der Oberschicht e n t g e g e n g e s e t z t e Divergenz besitzen. Nur so handelt es sich um "Zirkulation". Das ist ein Effekt der Kontinuität und Horizontalenergetik, der auch bei verschwindender Corioliskraft (auf nichtrotierender Erde) unvermeidlich wäre.

Dieser Sachverhalt ist bekannt betreffs der P a s s a t z i r k u l a t i o n (Abb. 3 unten). Hier ist auch der horizontale (meridionale) D r u c k g r a d i e n t der Unterschicht (Passatschicht) entgegengesetzt zu dem der Oberschicht. Nach unseren Gleichungen leistet also auch die untere Passatschicht positive Arbeit A für die Erhaltung der kinetischen Energie.

Weniger einfach ist dagegen die Energetik h ö h e r e r B r e i t e n, weil hier die oberen und unteren Druckfelder meistens g l e i c h s i n n i g e n Horizontalgradient haben (infolge starker Corioliskräfte). Die bodennahe Reibungsschicht kann auch hier nur das Arbeit leistende Divergenzvorzeichen besitzen, dasselbe wie die gesamte Oberschicht. Aus Kontinuitätsgründen muß also in höheren Breiten eine Z w i s c h e n s c h i c h t mit entgegengesetztem Divergenzvorzeichen, d.h. mit n e g a t i v e r Arbeitsleistung A auftreten: So ordnet sich die Horizontaldivergenz in höheren Breiten dreischichtig, in niederen zweischichtig.

Dieser Unterschied tritt im M e r i d i a n s c h n i t t durch die planetarische Zirkulation (Abb. 3 unten) deutlich zutage: Die Passatzirkulation entspricht (als planetarische Meridionalzirkulation) dem Zweischichten-Divergenzfeld.

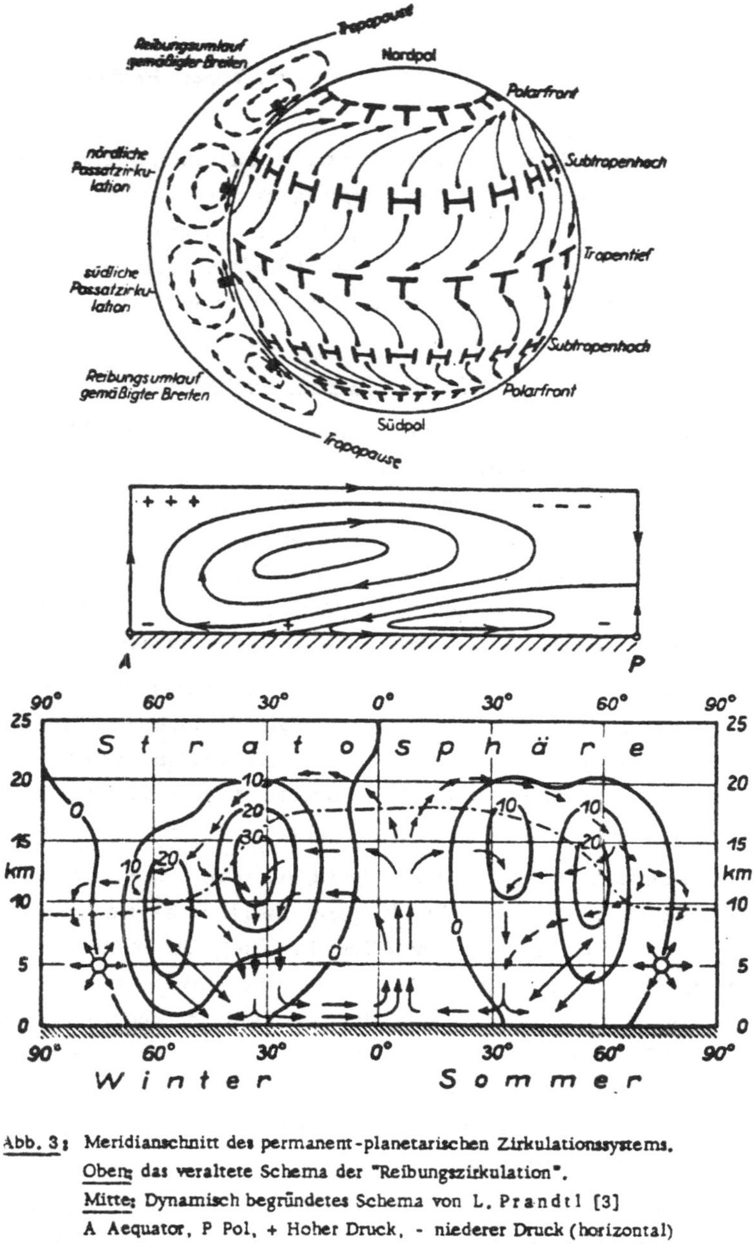

Abb. 3: Meridianschnitt des permanent-planetarischen Zirkulationssystems.
Oben: das veraltete Schema der "Reibungszirkulation".
Mitte: Dynamisch begründetes Schema von L. Prandtl [3]
A Aequator, P Pol, + Hoher Druck, - niederer Druck (horizontal)
Unten: Schema von P. Raethjen [4]: Ausgezogene Isotachen [m/sec] bezeichnen die permanente Westwindgeschwindigkeit, einsinnige Pfeile fast permanente Meridionalzirkulationen, doppelsinnige Pfeile nicht-

permanente Horizontalzirkulationen. Pfeilsterne im Polargebiet deuten ungeordnete nichtstationäre Horizontalwinde an. Die Tropopause ist strichpunktiert.

Aber in höheren Breiten gibt es keine derart klare Meridionalzirkulation. Denn der größere Coriolisparameter bewirkt hier (normalerweise) Allschichtendruckfelder: Vom Erdboden bis etwa 2o km Höhe haben kräftige Hochdruckgebiete hohen, Tiefdruckgebiete niederen Druck, horizontal verglichen. Daß die Corioliskraft Urheberin der "Allschichtendruckfelder" ist, zeigt sich auch in rotierenden Modellversuchen.

Wenn man in höheren Breiten überhaupt von einer permanenten "Meridionalzirkulation" sprechen darf, so verläuft diese in drei Schichten: Die unterste (bis etwa 4 km) setzt polwärts mit Konvergenz, die mittlere (von ca. 4 bis 8 km) äquatorwärts mit Divergenz und (reversiblem) Verlust kinetischer Energie, die oberste (8 bis 2o km) polwärts mit Konvergenz und Gewinn kinetischer Energie; alle 3 aber mit sehr geringer Meridionalgeschwindigkeit.

Absichtlich stellt die Abb. 3 die älteren Modellvorstellungen der permanent-planetarischen Meridionalzirkulation zum Vergleich mit der neuen: In Abb. 3 oben die veraltete Vorstellung, daß diese Zirkulationen durch das Druckfeld der bodennahen Reibungsschicht erzwungen werden, wodurch sich ein sogenanntes "Hadley-Regime" in niederen und ein "Ferrel-Regime" in höheren Breiten einstellt, ersteres mit positiver, letzteres mit negativer Arbeitsleistung. In der Mitte der Abb. 3 das Schema, welches L. Prandtl [3] aus einer dynamischen Rechnung abgeleitet hat. Dieses zeigt deutlich den Zweischichtenaufbau niederer und die drei Schichten höherer Breiten. In Abb. 3 unten das Schema, welches der Verfasser [4] aus modernem Beobachtungsmaterial aller Art, insbesondere auch aus den jet-stream-Befunden abgeleitet hat, wobei die Tropopause als Abgleitfläche eine besondere energetische Bedeutung gewinnt. Es kann heute nicht mehr verborgen bleiben, daß niedere Breiten (im Mittel) einen planetarisch-permanenten Übergang troposphärischer Luft in die Stratosphäre besitzen und höhere Breiten die Rückkehr stratosphärischer Luft in die Troposphäre.

Die "veraltete" Begründung der Meridionalzirkulation durch Reibungseffekte (Abb. 3 oben) befriedigt deswegen nicht, weil die Ursache einer Zirkulationsströmung nur in einem Arbeitsgewinn, nicht im Energieverbrauch liegen kann. Dies kommt in den großen Meridionalzirkulationen der Abb. 3 unten zur Geltung folgendermaßen:

Die "Tropopausenzirkulation" (Abb. 3 unten) hat ihren aufsteigenden Ast in den Calmen (gemeinsam mit der "Passatzirkulation"), ihren absteigenden in gemäßigten und polaren Breiten. Ihr über der Tropopause abgleitender Ast dient zur Erhaltung der Westwinde höherer Breiten: Starke Drehimpulse (Rotationsmomente) werden aus niederen Breiten nach höheren befördert. Diese Zirkulation leistet also einen Teil der Reibungsarbeit, welche in den Westwinden höherer Breiten (überwiegend am Erdboden) anfällt. Die "Passatzirkulation" leistet die Reibungsarbeit der bodennahen Passatwinde. Sonstige Großzirkulationen, die ebenfalls mit divergenten Hoch- und konvergenten Tiefdruckgebieten verbunden sind, leisten die Reibungsarbeit der zugehörigen Winde (am Erdboden und in der freien Atmosphäre). Insgesamt ist (im langjährigen Mittel) der Arbeitsgewinn aller dieser Zirkulationen ebenso groß wie ihre Dissipation (Gl.(4)).

Das Ergebnis dieser Betrachtung beschränkt sich also nicht nur auf die planetarische Tropopausenzirkulation im Meridianschnitt (Abb. 3), sondern erstreckt sich auch auf andere Großzirkulationen: Im oberen Druckfeld leisten konvergente Tief- und divergente Hochdruckgebiete die Arbeit zur Entstehung und Erhaltung der kinetischen Zirkulationsenergie. Dabei handelt es sich vor allem um die weiträumigen "warmen" Hoch- und "kalten" Tiefdruckgebiete. In den ersteren liegt die Tropopause erfahrungsgemäß höher als in den letzteren. Über dieser gibt es also auch hier eine Abgleitbewegung vom Hoch zum Tief, ebenso wie in der "planetarischen" Tropopausenzirkulation (Abb. 3 unten); dementsprechend unter der substratosphärischen Divergenzschicht im Hoch aufsteigende, im Tief sinkende Luftmassen der oberen Troposphäre (alle diese Bewegungen sehr langsam). Diese großen Druckgebilde, die um die Jahrhundertwende "Aktionszentren", später "Steuerungszentren" genannt wurden, besitzen also dieselbe energetische Funktion wie das (obere) Hochdruckgebiet niederer und das (obere) Tiefdruckgebiet hoher Breiten im "planetarischen" System.

Entsprechendes gilt (mutatis mutandis) auch für die kleineren wetterhaften Hoch- und Tiefdruckgebiete oberer Schichten, sofern die ersteren substratosphärische Horizontaldivergenz, die letzteren -Konvergenz besitzen. Auch sie leisten die Entstehung kinetischer Energie und gestalten damit die schnellen Veränderungen der Wetterkarte. Auch in ihnen treten die entsprechenden Vertikalbewegungen oberer Schichten auf: Langsame Sinkbewegung ("Subsidenz") unter der Konvergenz (im Tiefdruckgebiet), langsame Steigbewegung unter der Divergenz (im Hochdruckgebiet). Aber selbstverständlich zeigen die schnell veränderlichen (wetterhaften) Felder diesen Zusammenhang nur in der Entstehungsphase kinetischer Energie, z.B. während der Entstehung einer Sturmzyklone, nicht aber in der Beruhigungsphase. Im Abschnitt VII werden wir darauf zurückkommen.

Die Tropopause bindet an sich den Kern des jet stream, planetarisch (Abb. 3) und wetterhaft. Sie ist überhaupt, wie wir sahen, das Zentrum der Zirkulationsenergetik. Es wäre einseitig, ihr Wesen und ihre Existenz nur auf Strahlungsrechnungen zu gründen, ohne die Verknüpfung mit den Zirkulationsfeldern zu beachten.

VI. Gesamtbilanz

Die vorstehenden Betrachtungen betrafen überwiegend die mechanische Energieumwandlung, nämlich die Entstehung kinetischer Energie durch Arbeit des Druckfeldes. Daneben aber verlangt der Energiesatz, daß insgesamt in längeren Zeiträumen ebensoviel mechanische Energie aus Wärme gewonnen wie durch Reibung dissipiert wird.

Für eine grobe Abschätzung der bodennahen Dissipation ist die Theorie der Ekmanspirale ausreichend genau. Aus ihr ergibt sich die Reibungsarbeit D_B des bodennahen Druckfeldes [6]:

$$D_B = V_g^2 \sqrt{A_z \rho \omega \sin \varphi} \quad [\frac{\text{erg}}{\text{cm}^2 \text{sec}}] . \tag{15}$$

Dabei bedeuten V_g die dem bodennahen Druckfeld geostrophisch zugeordnete Windgeschwindigkeit, A_z den Vertikal-Austauschkoeffizient der Reibungsschicht, ρ die bodennahe Luftdichte, ω die Winkelgeschwindigkeit der Erdrotation, φ den Breitenwinkel.

Durch Integration der Gl. (15) über alle Breiten φ erhält man die bodennahe Reibungsarbeit der gesamten Erdhalbkugel:

$$(16) \qquad \overline{D_B} = \overline{V_g^{\,2}} \sqrt{A_z \rho \omega} \int_0^{\pi/2} 2 r \pi \cos\varphi \sqrt{\sin\varphi}\, r\, d\varphi \ \left[\frac{erg}{sec}\right] .$$

Dabei ist r der Erdradius. Die Querstriche über $V_g^{\,2}$ und A_z bezeichnen Integrationsmittelwerte. Setzen wir für $\overline{V_g^{\,2}}$ (quadratisch gemittelt) 10^6 [cm^2/sec^2] ein, so entspricht das einer linear gemittelten Windstärke von 2 bis 3 Beaufort in 2 m Höhe, was wohl nicht zu hoch angenommen ist. Desgleichen $\overline{A_z} = 50$ [$gr \cdot cm^{-1} \cdot sec^{-1}$]. Damit ergibt sich aus Gl. (16):

$$(17) \qquad \overline{D_B} \cong 4 \cdot 10^{21} \left[\frac{erg}{sec}\right] .$$

Neben dieser b o d e n n a h e n Energiedissipation gibt es noch eine solche in der f r e i e n Atmosphäre, vor allem an Fronten und Grenzflächen (Mischungsvorgänge). Diese entzieht sich einer zahlenmäßigen Schätzung. Sie ist sicher kleiner als $\overline{D_B}$, aber nicht von geringerer Größenordnung. Sonst würden sich noch wesentlich stärkere Unterscheidungen der kontinentalen und maritimen Gebiete und vor allem ein weniger instabiler Charakter der Zirkulationen zeigen ("dynamische" Instabilität). Deshalb nehmen wir an, daß die gesamte Dissipation aller Schichten (grob geschätzt) ungefähr um die Hälfte größer ist als die bodennahe $\overline{D_B}$:

$$(18) \qquad \overline{D} \cong 1{,}5\, \overline{D_B} \cong 6 \cdot 10^{21} \left[\frac{erg}{sec}\right] .$$

Anmerkung: Diese Abschätzung der Gesamtdissipation ist offenbar ungenau und enthält noch mehrere Fragezeichen. Es wäre wünschenswert, daß die bodennahe und fronthafte Dissipation anhand der Wetterkarten mehrerer Jahre genauer ausgewertet würden. Aber im Rahmen der vorliegenden Untersuchung muß das noch offen bleiben. Es kommt hier nur auf das Gesamtmodell und die Größenordnung an.

Ebenso groß wie die gesamte Dissipation $\overline{D}$ ist der gesamte Gewinn $\overline{E}$ von Arbeit aus Wärme, eine Gesamtsumme, in welcher auch r e v e r s i b l e Rückumwandlungen von Arbeit in Wärme als negative Summenglieder enthalten sind, jedoch keine irreversible Dissipation:

$$(19) \qquad \overline{E} = \overline{D} \cong 6 \cdot 10^{21} \left[\frac{erg}{sec}\right] .$$

Diese Arbeit E wird durch zahlreiche thermodynamische Kreisprozesse gewonnen, welche im Mittel Wärmequellen unter hohem, Kältequellen unter tiefem Druck besitzen (Satz von Sandström). Denn im Mittel überwiegt selbstverständlich die Umwandlung von Wärme in Arbeit. Jede solche (Arbeit leistende) Großzirkulation befördert dabei eine Wärme Q von der Wärmequelle zur Kältequelle, wobei aber nur ein geringer Teil (im Mittel ungefähr 1/7) der transportierten Wärme Q in mechanische Energie E umgewandelt wird. Aber die vertikale Kleinkonvektion unterer Schichten geht in Gl. (19) nicht ein, weil sich diese Gleichung nur auf die Dissipation der Horizontalströmungsenergie bezieht.

Für jeden derartigen Kreisprozeß gilt die Näherungsgleichung:

$$(20) \qquad E \cong \frac{R}{c_p} Q \ln \frac{p_W}{p_K} \left[\frac{erg}{sec}\right]$$

in welcher $R = 2{,}87 \cdot 10^6$ [erg/gr. °C] die Gaskonstante der Luft, c_p deren spezifische Wärme bei konstantem Druck, p_W das Druckniveau der (unteren) Wärmequelle und p_K dasjenige der (oberen) Kältequelle bedeuten und Q den Wärmefluß von der ersteren zur letzteren.

Anmerkung: Die Gl. (20) ergibt sich aus der bekannten Kreisprozeßformel

$$(21) \qquad E = -M \cdot R \cdot \oint T \cdot \frac{dp}{p} = -R \int_{p_W}^{p_K} M \cdot \Delta T \cdot d\ln p \left[\frac{erg}{sec}\right] ,$$

in der M[gr/sec] die durch den Zirkulationsquerschnitt fließende Luftmasse und ΔT den isobaren Temperaturunterschied zwischen dem aufsteigenden und absteigenden Ast (in jedem Druckniveau) bedeuten. Wendet man nämlich auf Gl. (21) den Mittelwertsatz der Integralrechnung an, so ergibt sich die Gl. (20), in welcher Q einen Integrationsmittelwert aller $M \cdot c_p \cdot \Delta T$, d.h. die von der Wärmequelle zur Kältequelle beförderte Wärme bedeutet.

Wir kennen nicht jede einzelne Großzirkulation und erst recht nicht jeden solchen Kreisprozeß. Aber wir können den Gesamtbetrag $\overline{Q}$ berechnen, der mit allen diesen Zirkulationen aus den Wärmeüberschußgebieten (überwiegend zwischen 0° und 30° Breite gelegen) zu den Wärmedefizitgebieten (überwiegend zwischen 30° und 90° Breite) befördert wird. Aus dem Strahlungshaushalt kennen wir nämlich die Wärme $\overline{Q}'$, welche im Jahresmittel auf der Äquatorseite von 30° Breite als positive, auf der Polseite als negative Strahlungsbilanz anfällt [7, 8]:

$$(22) \qquad \overline{Q}' \cong 12 \cdot 10^{14} \left[\frac{cal}{sec}\right] .$$

Diese Wärme wird in Luft- und Meeresströmungen polwärts befördert und zwar insgesamt zu etwa 3/4 in der Atmosphäre, zu 1/4 im Meer. Demnach beträgt

$$(23) \qquad \overline{Q} \cong 9 \cdot 10^{14} \left[\frac{cal}{sec}\right] .$$

Setzen wir diesen Wert $\overline{Q}$ und den Wert $\overline{E}$ der Gl. (19) in Gl. (20) ein, so ergibt sich ein mittlerer Wert:

$$(24) \qquad \ln \frac{p_K}{p_W} \cong -0{,}55 \,; \qquad \frac{p_K}{p_W} \cong 0{,}58.$$

Die Gl. (24) sagt aus: Wenn die W ä r m e quellen der Arbeit leistenden Großzirkulationen, wie anzunehmen, im Mittel zwischen $p_W \cong 900$ mb und $p_W \cong 600$ mb liegen, so befinden sich ihre K ä l t e quellen i m M i t t e l zwischen $p_K \cong 500$ mb und $p_K \cong 350$ mb, d.h. also in der o b e r e n Troposphäre.

Unterhalb 1000 m Höhe (im Druckniveau > 900 mb) können wir die Wärmequellen der Großzirkulationen n i c h t annehmen. Denn die bodennahe K l e i n k o n v e k t i o n (einschließlich Cu) ist in der vorstehenden Schätzung n i c h t einbegriffen. Sie speist die W ä r m e q u e l l e n der Großzirkulationen mit einer Wärmezufuhr vom Erdboden. Wahrscheinlich besitzen deren obere K ä l t e q u e l l e n ebenfalls eine kleinkonvektive Kältezufuhr aus einer etwas höher gelegenen Ausstrahlungsschicht. Die Beobachtung von Cirrocumuluswolken läßt diese Vermutung zu. Auf jeden Fall muß irgend eine o b e r e Schicht mit n e g a t i v e r Strahlungsbilanz die Kältequelle der Großzirkulationen speisen. Diese Ausstrahlungsschicht liegt entweder über der Zirkulations-Kältequelle oder im gleichen Niveau.

Mit diesem Befund befinden wir uns im Widerspruch gegen neuerliche Haushaltsrechnungen mehrerer Strahlungsexperten [9]; Strahlungsrechnungen, welche zwar auch die untere Wärmequelle aufzeigen, aber eine obere Schicht mit entsprechend stark negativer Strahlungsbilanz nicht vertreten (siehe die Anmerkung am Schluß der Abhandlung). Zwar fordert auch unsere Energiebetrachtung die obere Kältequelle nicht überall und immer, sondern nur auf der Tiefdruckseite der Arbeit leistenden Großzirkulation (vgl. die Plus- und Minuszeichen der Abb. 2) und nur während dieser Arbeitsleistung. Aber dieserhalb muß die Kältequelle auch in den Mittelwerten erscheinen, sofern die Mittelung nicht nur aus anderen Wettersituationen geschieht.

Im nachfolgenden Abschnitt VII wird ein Wettervorgang behandelt, der die obere Kältequelle direkt synoptisch aufzeigt. Für deren mittlere Existenz gibt es noch einen weiteren (dritten) Beweis:

J. Smagorinski und Mitarbeiter [lo] haben eine sehr instruktive Modellrechnung publiziert, welche die Entstehung der allgemeinen Zirkulation aus einem windstillen und isothermen Anfangszustand numerisch behandelt. Dabei wird eine Strahlungs- und Absorberverteilung vorausgesetzt, welche Manabe und Strickler [9] in ihrer ausführlichen und gründlichen Haushaltrechnung als den atmosphärischen Beobachtungen entsprechend vertreten. Da die letztgenannten Autoren, wie soeben erwähnt, keine erhebliche Kältequelle der oberen Troposphäre (in höheren Breiten) finden, fehlt diese auch in der Modellrechnung von Smagorinski [lo]. Diese Rechnung liefert daher nicht das erfahrungsgemäß in lo bis 15 km Höhe vorhandene Maximum der Westwindgeschwindigkeit (mittlerer Breiten), sondern eine Zunahme derselben aufwärts bis über 3o km. Der Verfasser ist überzeugt, daß die Höhe des Westwind-Maximums in Smagorinskis sonst so überzeugender Modellrechnung richtig herausgekommen wäre, wenn dieser eine hinreichende Infrarot-Absorberschicht und Kältequelle der oberen Troposphäre (auf der Polseite der Halbkugel) angenommen hätte. Denn diese Kältequelle ist energetisch notwendig, um das Westwindmaximum der Tropopause bzw. untersten Stratosphäre zu erzeugen und zu erhalten.

Anmerkung: Daß Smagorinskis Rechnung [10] ohne die genannte obere Absorberschicht (hoher Breiten) das wirkliche Temperaturfeld liefert, ist in diesem Zusammenhang irrelevant. Da nämlich Manabes Strahlungswerte [9] ohne diesen Absorber aus dem wirklichen Temperaturfeld berechnet sind, kann sich das letztere (umgekehrt) aus jenen nur mit derselben Voraussetzung ergeben, unabhängig davon, ob diese richtig ist oder falsch.

VII. Wetterhafte Tropopausensenkung

Mit Rücksicht auf die vorstehenden Befunde liegt es nahe, auch in entsprechenden Wetterfällen eine (örtlich und zeitlich) vorübergehende Kältequelle (Wärmesenke) der obersten Troposphärenschicht ("Tropopausenschicht") als energetische Ursache anzusehen, z.B. in folgenden Erscheinungen: 1. Faltung und Bruch der Tropopause im jet stream, 2. gewaltsame Konvektion oberer Schichten ("clear air turbulence"), 3. plötzlicher Einbruch einer Kaltfront, die vorher längere Zeit in Ruhe verharrte, 4. plötzliche Bildung eines "Tropopausentrichters" bzw. "Kältepols":

Die Tropopausenfaltung im jet stream ist im amerikanischen "Project Springfield" beobachtet und von E. F. Danielsen [5] beschrieben worden, wie die Abb. 4 zeigt. Dabei fließt stratosphärische Luft in die Troposphäre ein und erzeugt eine (obere) Frontfläche, die von R. J. Reed [11] als "stratospheric wedge" und von J. Küttner als "jet front", vom Verfasser [12] als "tropospheric elongation" der Tropopause bezeichnet wurde.

Über die "clear air turbulence" gibt es eine große Literatur. Sicher kommt in ihr eine örtliche Energiekonzentration zum Ausdruck. Diese deutet auf eine obere Energiequelle.

Über den plötzlichen Einbruch einer Kaltfront und die dafür erforderliche Mitwirkung der Tropopause hat der Verfasser kürzlich [13] berichtet.

Die Entstehung des sogenannten "Tropopausentrichters" wurde erstmalig von E. Palmén beschrieben. Heute ist dies ein allen Synoptikern be-

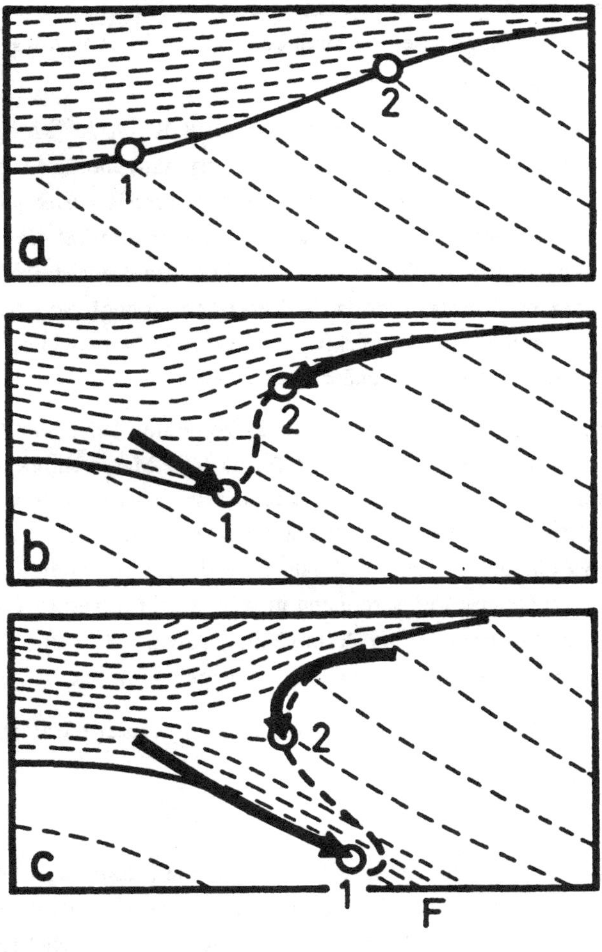

Abb. 4: Deformation der Tropopause bei der Entstehung einer "jet-Front" (Vertikalschnitt) nach E. F. Danielsen [5]:

a) ungestörter Anfangszustand im Meridianschnitt, links die Polseite

b) beginnende Deformation

c) fertig formierte Höhenfront F.

Überfette Pfeile zeigen die Verlagerung zweier Massenpunkte 1 und 2.

Fett ausgezogen: Tropopause. Fett gestrichelt: Durchbrochene Tropopause. Dünn gestrichelt: Isentropen. Die Höhenkoordinate ist gegenüber der Horizontalen 15o-fach überhöht (Bildfeld horizontal ~ 9oo km, vertikal ~ 3 km).

kannter Vorgang. Dabei kann eine kräftige obere Kältequelle synoptisch nachgewiesen werden. Dies soll nachstehend an Hand einer von E. Palmén [14] untersuchten Wetterentwicklung erörtert werden. Es handelt sich um dieselbe Wetterlage, welche auch den soeben erwähnten Kaltlufteinbruch gebracht hat [13]:

Abb. 5 zeigt den Vertikalschnitt durch den am 18.11.48, 15^{00} soeben entstandenen "Tropopausentrichter", und die vorangegangene Massendeformation der Stratosphäre: In den letzten 36 Stunden vor diesem Termin hat sich die Tropopause 3 km gesenkt. Gleichzeitig hat die (anfänglich flach liegende) troposphärische "Polarfront" eine sehr steile Lage eingenommen (in Abb. 5 rechts) und ist in dieser Lage schnell vorgerückt. Hier ist während derselben Zeit ein kräftiger zyklonaler Wirbel in der unteren Stratosphäre und oberen Troposphäre entstanden.

Die Pfeile der Abb. 5 bezeichnen die der allgemeinen Drift (und Einbruchsbewegung) überlagerte Massendeformation. Man sieht deutlich die horizontale Schrumpfung der Stratosphärenmasse, ohne welche der zyklonale Wirbel (nach der Vorticitygleichung) nicht entstehen kann. Die Kontinuitätsbedingung fordert, daß dabei die Untergrenze der Stratosphäre (d. h. die Tropopause) entsprechend gesenkt wird (vertikale Pfeile). Denn die oberen Isentropen (über 2o km Höhe) zeigen, daß eine Hebung der Massen oberhalb 2o km Höhe nicht stattgefunden hat.

Die Vorticitygleichung (in ihrer integrierten Form) lautet nämlich:

$$\frac{\zeta_2}{\zeta_1} = \frac{F_1}{F_2} \quad . \tag{15}$$

Das bedeutet: Wenn die horizontale Querschnittfläche F einer atmosphärischen Masse von der Größe F_1 auf F_2 schrumpft oder gedehnt wird, so verändert sich deren absolute "Vorticity" ζ von ζ_1 auf ζ_2. Ein erheblicher (aber nicht besonders starker) zyklonaler Wirbel besitzt eine absolute Vorticity ζ_2, die etwa 3/2 der unverwirbelten beträgt. Wenn die Beobachtungen zeigen, daß dieser Wirbel plötzlich entsteht, darf man darauf schließen, daß die Wirbelmasse eine horizontale Schrumpfung erlitten hat ungefähr auf 2/3 ihres Anfangs-Areals. Hierauf gründen sich die Horizon-

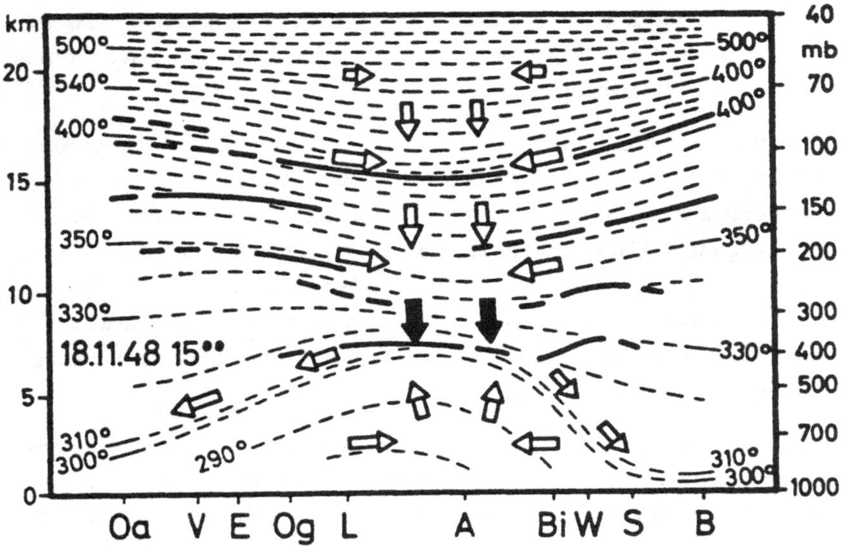

Abb. 5: Massendeformation der Stratosphäre bei der Entstehung eines "Tropopausentrichters" [13] (nach einem Vertikalschnitt von E. Palmén [14]). Fett: Inversionen der Stratosphäre. Dünn gestrichelt: Isentropen; dreistellige Zahlen bezeichnen die absolute potentielle Temperatur. Pfeile: Deformationsbewegungen der letzten 36 Stunden (der Massendrift überlagert); weiße Pfeile nahezu adiabatisch, schwarze diabatisch mit Wärmeabgabe. Abszisse: Oa = Oakland, V = Las Vegas, E = Ely, Og = Ogden, L = Lander, A = Albuquerque, Bi = Big Spring, W = Fort Worth, S = San Antonio, B = Brownsville
Ordinate: Links Höhe über Meer in km, rechts Druck in Millibar. Die troposphärische Frontfläche liegt zwischen den Isentropen 300° und 310°.

---

talpfeile der Abb. 5 in der Stratosphäre. Dort haben die Massen zwischen 10 und 20 km Höhe eine mittlere Horizontalschrumpfung auf 2/3 erlitten.

Aus Kontinuitätsgründen müssen sie daher auch eine vertikale Dehnung auf 3/2 erfahren haben, wenn sie dabei keine Dichteänderung erlitten. Im vorliegenden Fall müßten also die Massen des anfänglichen 10 km-Niveaus sich um 5 km gesenkt haben. Stellt man auch die mittlere Dichteänderung der gesamten geschrumpften (und gesenkten) Masse mit in

Rechnung, so verbleibt eine Senkung von 10,5 auf 7,5 km Höhe. Dies ist die beobachtete Tropopausensenkung, die in Abb. 5 mit den beiden schwarzen Pfeilen dargestellt ist.

Demnach kann es keinen Zweifel geben, daß sich mit der Tropopause auch ihre Massen gesenkt haben. Andernfalls hätte der zyklonale Wirbel der unteren Stratosphäre nicht entstehen können. Bei der plötzlichen Entstehung eines "Tropopausentrichters" handelt es sich also um eine Massensenkung der Tropopause ähnlich wie bei der Entstehung der "jet-Front" nach Abb. 4. Auch Modellversuche in der rotierenden Wasserwanne zeigen den entsprechenden Zusammenhang zwischen der Massen-Senkung und Wirbel-Entstehung.

In Abb. 5 ist nun aber zu erkennen, daß die Isentropen der gesenkten Tropopause keine solche Ausbuchtung nach unten zeigen, wie die höher gelegenen Isentropen der Stratosphäre. Demnach darf zwar die Senkung der Stratosphäre im großen und ganzen adiabatisch verstanden werden, nicht aber die Senkung der Tropopausenschicht: Die schwarzen Senkungspfeile der Abb. 5 bedeuten eine diabatische Abkühlung der sinkenden Massen. Im gesenkten Zustand hat die Tropopause die potentielle Temperatur 310°K; im ungesenkten Zustand hatte sie etwa 335° bis 340°K. Diese Massen haben also eine diabatische Abkühlung um rund 18°C (27° potentiell) erlitten (und eine adiabatische Erwärmung um rund 30°C).

Dabei darf selbstverständlich nicht vergessen werden, daß die stratosphärischen Massen in den 36 Stunden der Wirbelentstehung 2000 bis 4000 km ostwärts driften. Die in Abb. 5 mit Pfeilen dargestellte stratosphärische Massendeformation ist also keineswegs an demselben Ort geschehen, wo schließlich der Wirbel und die gesenkte Tropopause beobachtet wird. Aber dennoch ist diese Massen-Deformation eine Realität. Denn 36 Stunden früher findet man in der Wetterkarte weit und breit keinen entsprechenden Tropopausentrichter und Wirbel.

Der in Abb. 5 als Beispiel gezeigte Fall kommt in dieser Stärke häufig vor. Sogar Tropopausensenkungen von 10 auf 5 km Höhe mit noch stärkerer Verwirbelung sind oft beobachtet worden. In jedem Fall sind die Tropopausensenkung und diabatische Abkühlung mit der Entstehung eines stratosphärischen Zyklonenwirbels verbunden. Der Fall unserer Abb. 5 ist einer von vielen und zeichnet sich nur dadurch aus, daß er (in Nordamerika) sorgfältig beobachtet wurde.

Mit der Tropopausensenkung und unter ihr entsteht der sogenannte "cold dome", "Kaltlufttropfen" oder "Kältepol" der Troposphäre, jedoch nicht immer mit derselben troposphärischen Massendeformation, wie sie in Abb. 5 mit den unterhalb 7 km Höhe eingetragenen Pfeilen angedeutet ist. Aber meistens ereignet sich unter der sinkenden Stratosphäre eine Abkühlung der Troposphäre durch Kaltlufteinbruch mit "cutoff" und anderen Wettereffekten. Diese troposphärischen Vorgänge sind komplizierter als diejenigen der Stratosphäre und können hier nicht ausführlich diskutiert werden.

Wichtig ist aber die Frage: Wo bleibt die Wärme, welche von der diabatisch sinkenden Tropopausenschicht abgegeben wird? Es kann sich dabei nur um Ausstrahlung in den Weltraum handeln. Nach unten wird diese Wärme sicherlich nicht abgegeben, und die Stratosphäre verhält sich dabei praktisch adiabatisch. Hier zeigt sich also, daß die wolken- oder dunsterfüllte Tropopausenschicht in dieser Wettersituation (d.h. in einem weit luvwärts des Tropopausentrichters gelegenen Gebiet) starke Wärmeabgabe durch nahezu "schwarze" Ausstrahlung besitzt [13].

Dieses halten allerdings einige Strahlungsexperten [9] für unwirklich (wie bereits in Abschnitt VI bemerkt). Denn die Strahlungsrechnungen, welche das Aerosol als "Grauemissor" (ohne erhebliche Streuung) behandeln, liefern keine starke Emission aus Cirruswolken. Hier widersprechen also die synoptisch-aerologischen Befunde den genannten Ergebnissen der Strahlungsrechnung.

<u>Anmerkung</u>: Dieser Widerspruch könnte gelöst werden, wenn unsere Strahlungsexperten von der überlieferten aber heute nicht mehr haltbaren Grauhypothese des Aerosols abrücken würden. Dunst- und Wolkenschichten, als lockeres Gittersystem zahlreicher Aerosolteilchen verstanden, emittieren und absorbieren nicht grau, sondern weitaus am stärksten diejenigen Wellenlängen, welche mit dem Partikeldurchmesser des Aerosols übereinstimmen. Denn diese Wellen werden an den Aerosolteilchen stark gestreut, gehen also nicht auf geradlinigem Strahlenweg durch die Aerosolschicht sondern auf einer vielfach verlängerten Zickzackbahn. Dadurch kommt die (sonst geringe) Absorption in Wasserdampf, Kohlensäure und flüssigem oder festem Wasser um

ein bis zwei Größenordnungen stärker zur Wirkung, ebenso die Emission (nach Kirchhoffs Gesetz). Die bisher übliche Graustrahlungsrechnung für Wolken und Dunst ist also gerade in den oberen Schichten fehlerhaft, wo einerseits die Aerosolgitter besonders locker gepackt sind, andererseits die Wasserdampf-Kohlensäure-Absorption in gewissen Wellenlängen beinahe verschwindet.

<u>Symbolverzeichnis</u>

A	Arbeitsleistung des horizontalen Druckfeldes
A_z	Vertikalaustauschkoeffizient
cm	Zentimeter
c_p	spezifische Wärme bei konstantem Druck
^oC	Grad Celsius
Cu	Kumulus
D	Dissipation der kinetischen Energie
d	individuelles Differential
∂	lokales Differential
div	Divergenz
E	Kreisprozeßarbeit
erg	Energieeinheit
F	Fläche
$f = 2\omega \sin\varphi$	Coriolisparameter
gr	Gramm
^oK	Grad Kelvin (absolut)
km	Kilometer
ln	natürlicher Logarithmus
M	Masse
m	Meter
p	Druck
Q	Wärmefluß
$R = 2,87 \cdot 10^6$ [erg/gr $\cdot$ ^oC]	Gaskonstante der Luft
r	Erdradius
s	Linie
sec	Sekunde
T	Temperatur
t	Zeit
u, v	Horizontalkomponenten der Geschwindigkeit
$\mathfrak{v}_h$	Horizontalgeschwindigkeitsvektor

x, y	Horizontalkoordinaten
z	Vertikalkoordinate
Δ	(Delta) Differenz
ζ	(Zeta) absolute Vorticity
π	(pi) Kreiszahl
ρ	(ro) Luftdichte
τ	(tau) Horizontalraum
φ	(fi) geographische Breite
ω	(omega) Winkelgeschwindigkeit der Erdrotation
$\oint$	Kreisintegral
$\overline{}$	Querstrich oben: Mittelwert
$\cong$	ungefähr gleich
$>$	größer als
$<$	kleiner als
[ ]	Literatur-Nr. oder Maßbestimmung
$\ll$	klein gegen

Indizes:

B	am Erdboden
C	Calmen
g	geostrophisch
h	horizontal
K	Kältequelle
n	normal
o	oben
R	Rand
u	unten
W	Wärmequelle
z	vertikal

LITERATUR

[1] SCHERHAG, R., Wetteranalyse und Wetterprognose.
Berlin-Göttingen-Heidelberg 1948, S. 7o-77

[2] STARR, V. P., Applications of energy principles to the General Circulation.
Compendium of Meteorology, Boston, Mass. 1951, 568

[3] PRANDTL, L., Führer durch die Strömungslehre.
Braunschweig 1949, S. 371

[4] RAETHJEN, P., Zirkulationen der Atmosphäre.
Geophys. Einzelschriften, Heft 3, S. 195 ff

[5] DANIELSEN, E. F., Project Springfield Report.
DASA 1517, Washington DC, July 1964

[6] RAETHJEN, P., Einführung in die Physik der Atmosphäre.
Bd. II, 157, Leipzig 1942

[7] LONDON, J., A study of the Atmospheric Heat Balance.
(Report) Dpt. of Meteorology and Oceanography,
New York University, Juli 1957

[8] RAETHJEN, P., Wärmehaushalt der Atmosphäre.
Geophys. Einzelschriften Hamburg 195o, S. 131 u. 139

[9] MANABE, S. and R. F. STRICKLER, On the Thermal Equilibrium of the Atmosphere with Convective Adjustement.
Journ. Atmosph. Sciences, Vol. 21, No. 4, 361-385, 1964

[1o] SMAGORINSKI, J., S. MANABE and J. L. HOLLOWAY, Numerical Results from a nine-level General Circulation Model.
Monthly Weather Review Vol. 93, No. 12, Dec. 1965, 727 ff

[11] REED, R. J., A study of an characteristic type of upper level frontogenesis.
Journ. of Met. 12, 226, 1955

[12] RAETHJEN, P., The upper trough in two cases of east coastal cyclogenesis.
New York University, Dept. of Meteorology, Techn. Paper No. 4, Jan. 1956

[13] RAETHJEN, P., Zur Energetik kräftiger Frontigenesis.
Beitr. Phys. Atm, 39, 1966, 182

[14] PALMÉN, E., The aerology of extratropical disturbances.
Compendium of Meteorology, Boston, Mass., 1951, 612

Modellexperimente über die seitliche Vermischung in den Scherungsfeldern des jet stream

von M. Dunst

Zusammenfassung: Die Relativrotation ($\Delta\omega$) eines konzentrischen Zylinders in der rotierenden Wasserwanne (Winkelgeschwindigkeit ω) erzeugt einen turbulenten Horizontalaustausch, "monotrop", wenn $\Delta\omega$ und ω gleichgerichtet, "isotrop", wenn sie entgegengesetzt gerichtet sind.

Stationäre Ergebnisse: Der turbulente Austausch erreicht einen stationären Endzustand, das Austauschgleichgewicht. Dieses beschränkt sich auf eine Zone ("Reibungsring") bestimmter Breite rund um den Zylinder. Nur in dieser Zone existiert ein stationäres zonales Stromfeld. Radialzirkulationen treten nicht auf. Die Breite der Zone hängt von dem dimensionslosen Parameter $\lambda = \Delta\omega/\omega$ ab.

Nichtstationäre Ergebnisse: Plötzliches Stoppen der Zylinderrotation stört das Austauschgleichgewicht im "Reibungsring". Dieser zerfällt in mehrere große Rotationswirbel (Drehsinn der Wannenrotation), deren Rotationsenergie allmählich dissipiert wird. Die Bewegung der Wirbel wird von der Corioliskraft nicht behindert.

Summary: A turbulent horizontal exchange of momentum is produced by the rotation of a concentric cylinder relative to a rotating waterbowl (angular velocity ω). The horizontal exchange is called "monotropic", if the cylinder is rotating in the same direction as the waterbowl, and "isotropic", if the rotation of the cylinder has the opposite direction to that of the waterbowl.

The results of stationary experiments: The turbulent exchange comes to a state of balance. This state of balance is restricted to a zone (called the "Reibungsring") of a certain width round about the cylinder. Only in this zone we have a stationary field of zonal velocity; there are no meridional circulations. The width of the zone depends upon the parameter $\lambda = \Delta\omega/\omega$.

The results of nonstationary experiments: If we sudden ly stop the rotating cylinder, the balance of exchange is disturbed in the zone, above called "Reibungsring". This zone falls into several big vortices, which rotate in the same direction as the waterbowl. There is no influence of Coriolis-forces on the motion of these vortices, the rotational energy of which is dissipated after some time.

I. Problem und Apparatur

Der "jet stream" oder "Strahlstrom" ist als starke atmosphärische Strömung in schwächer bewegte Luftmassen eingebettet. Er besitzt also beiderseits Scherungsränder, auf der Nordhalbkugel einen zyklonalen Scherungsrand zur Linken, einen antizyklonalen Scherungsrand zur Rechten, wenn man in die Stromrichtung schaut. Diese Scherungsränder bilden den Gegenstand der nachfolgend beschriebenen Experimentaluntersuchung.

Zunächst sei die Modellapparatur kurz beschrieben: Ihr Kernstück ist eine kreisrunde Betonwanne BW (s. Abb. 1a und 1b) von 4 m Durchmesser (Gewicht ≅ 3o Tonnen), die um ihre zentrale Vertikalachse jeweils mit bestimmter konstanter Winkelgeschwindigkeit rotieren kann. Der Boden der Wanne ist ein Rotationsparaboloid, so berechnet, daß bei einer konstanten Winkelgeschwindigkeit der Wanne von $\omega = 1{,}6\ sec^{-1}$ (15,3 Umdrehungen pro min) das Wasser überall gleich mächtig ist (45 cm hoch), sofern das Wasser mit der Wanne "quasistarr" mitrotiert.

Die Abb. 1a und 1b zeigen schematisch Grund- und Aufriß der Gesamtapparatur. Abb. 1a gibt einen Vertikalschnitt durch die Betonwanne BW: Sie ruht auf einem Kegelrollenlager KL (etwa wie ein Spielzeugkreisel auf seiner Spitze) und wird von vier Seiten durch vier luftbereifte Stützräder SR gestützt. Eines davon dient als Antriebsrad für die Wanne. Das Wasser ist durch Wellenschraffur gekennzeichnet. Mit den Pumpen P und einem relativ zur Wanne konzentrisch rotierenden Hohlzylinder HZ (Durchmesser 16o cm) können verschiedenartige Relativstromfelder in der rotierenden Wanne erzeugt werden.

Um Druck- und Stromfeld bei den Untersuchungen mit genügender Genauigkeit bestimmen zu können, kommt wegen der schnellen Veränderlichkeit und der vielseitigen örtlichen Unterschiede der Felder vor allem die photogrammetrische Vermessung in Betracht.

Abb. 1b gibt einen Grundriß der Apparatur: Die Beobachtungen und die photographischen Aufnahmen werden von einer Plattform der Rotationsbühne vorgenommen, die oberhalb der Betonwanne mit dieser konzentrisch (mit jeweils g l e i c h e r Winkelgeschwindigkeit wie die rotie-

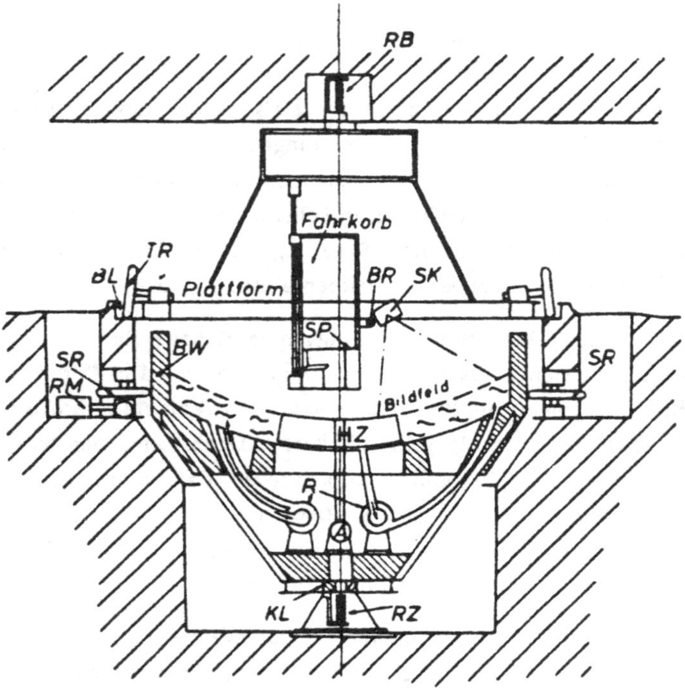

Abb. 1a: Gesamtapparatur (Vertikalschnitt)
BW = Betonwanne; KL = Kegelrollenlager; RZ = Stromzufuhr Betonwanne;
P = Pumpen; Z = Zylinder; BL = Betonlaufbahn für Rotationsbühne;
SR = Stützrad der Betonwanne; RM = Antriebsmotor der Betonwanne;
TR = Trageräder der Bühne; SP = Schaltpult; BR = Basisrohr; SK = Stereokammern; RB = Stromzufuhr Bühne; A = Antriebsmotor des Hohlzylinders HZ

rende Wanne) umläuft. Diese Rotationsbühne wird von 12 luftbereiften Tragrädern TR getragen, welche auf der kreisrunden Betonlaufbahn BL umlaufen. Der Umlauf ist mit Hilfe von 12 Zentrierradgespannen ZG zentriert.

An der Rotationsbühne ist ein Beobachtungsfahrkorb mit den Beobachtersitzen angebracht. An einem stabilen "Basisrohr" BR sind die beiden Stereophotokammern SK befestigt, deren Aufnahmen der Bewegungsvorgänge auf der Wasseroberfläche eine photogrammetrische Auswertung ermöglichen.

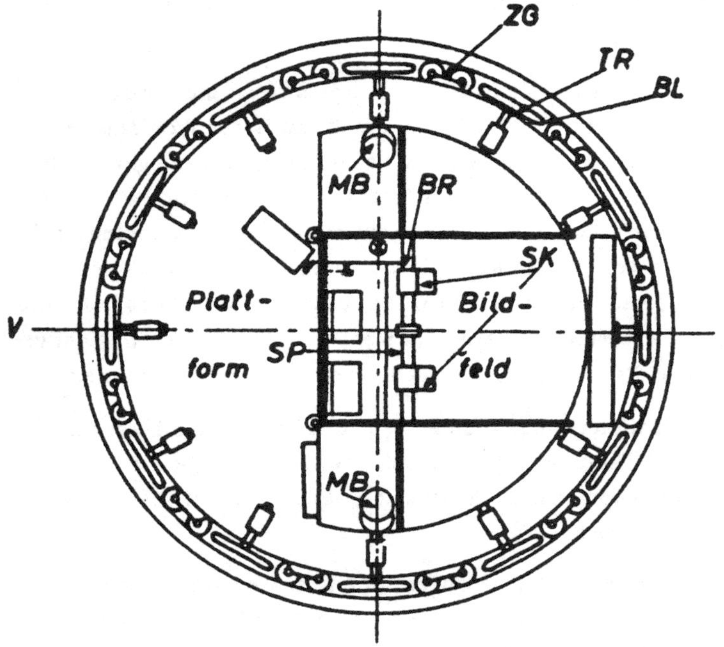

Abb. 1b: Gesamtapparatur (Grundriß)
BL = Betonumlaufbahn der Bühne; TR = Tragrad der Bühne;
ZG = Zentriergespann der Bühne; MB = Motor für Bühnenrotation;
BR = Basisrohr; SK = Stereokammern; SP = Schaltpult

Die Untersuchungen im rotierenden Wassermodell unterliegen einer Reihe scharfer Vereinfachungen gegenüber den atmosphärischen Verhältnissen:

a) Statt Luft verwenden wir Wasser als Modellflüssigkeit.
b) Temperatur- und Dichtefeld sind nicht vorhanden. Denn die Dichte des Wassers ist praktisch konstant (barotropes Modell).
c) Die auftretenden Corioliskräfte können durch verschieden schnelle Rotation der Betonwanne (der Wassermasse) beliebig verändert und stärker oder schwächer als in der Atmosphäre gestaltet werden.
d) Die Stromfeldscherung wird durch Reibung am Hohlzylinder erzeugt,

da auf andere Weise in unserem Modell ein Scherungsfeld nicht entstehen kann.

Aber gerade in diesen Vereinfachungen liegt die Bedeutung unserer Modellversuche für die Klärung des dynamischen Problems des "lateral mixing" im Scherungsfeld des "jet stream": Es kann gezielt der Vorgang des horizontalen turbulenten Impulsaustausches und der Einfluß der Wannenrotation (Rotation der Wassermasse) auf diese Austauschvorgänge untersucht werden ohne Komplizierung durch Temperatur- und Dichteeffekte. Es können weiter stationäre und nichtstationäre Strömungszustände experimentell erforscht werden. Dabei ist es ein wichtiger Vorteil des Modells, daß seine Bewegungsvorgänge reproduzierbar sind.

Selbstverständlich ist darauf zu achten, daß nach Möglichkeit die dynamischen Ähnlichkeitsbedingungen und, soweit es technisch durchführbar ist, auch die geometrische Ähnlichkeit erfüllt werden. Ich verweise hier auf P. Raethjen [15].

Die nachfolgenden Untersuchungen im rotierenden Wassermodell befassen sich mit den durch die Rotation des Hohlzylinders HZ (s. Abb. 2 a und 2 b) relativ zur rotierenden Modellwanne (Wassermasse) allein (d. h. ohne Pumpen) bewirkten Strömungen im Ringraum d (s. Abb. 2 a und 2 b)! Beide Pumpen P (s. Abb. 1 a) und ihre Zuleitungen sind also stillgelegt bzw. abgesperrt.

Die Abb. 2 a (Vertikalschnitt) und 2 b (Grundriß) zeigen noch einmal schematisch die benutzte Modellanordnung:

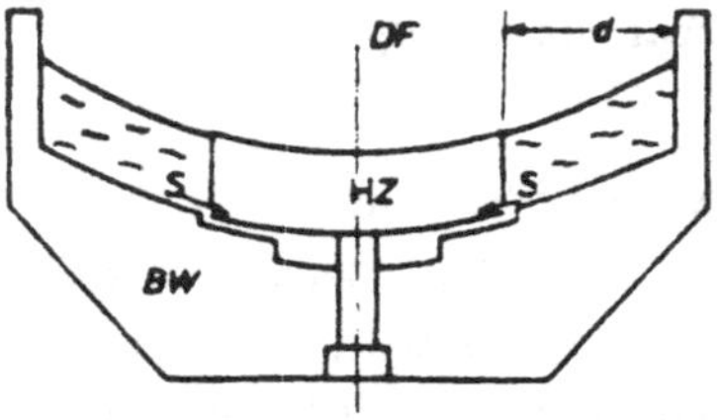

Abb. 2 a: Modellanordnung (Vertikalschnitt)
BW = Betonwanne; d = Breite des Ringraumes; HZ = Hohlzylinder; DF = Figuren- und Drehachse; S = Ringschlitz in der Zylinderwandung; Wellenschraffur = Wasserfüllung

In der Betonwanne BW (Durchmesser 4 m) befindet sich der schon bei der Beschreibung der Gesamtapparatur erwähnte konzentrisch gelagerte und relativ zur Wanne rotierende Hohlzylinder HZ (Durchmesser 160 cm), dessen Blechwandung durch Stützbleche SB abgestützt wird. Dieser Hohlzylin-

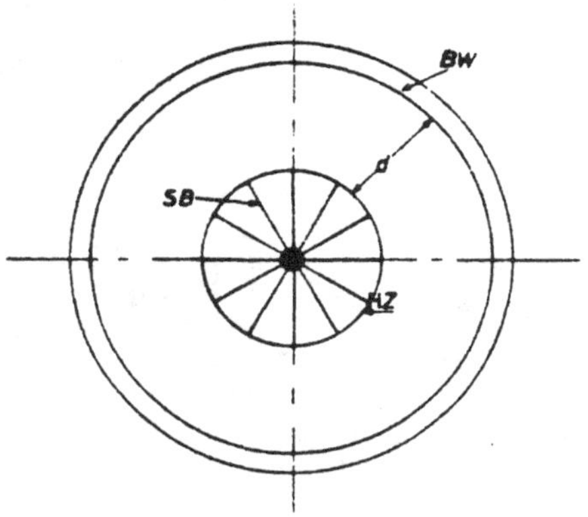

Abb. 2b: Modellanordnung (Grundriß)
BW = Betonwanne; HZ = Zylinder;
d = Ringraum; SB = Stützbleche der Zylinderwandung

der (im weiteren Text "Zylinder" genannt) kann sowohl mit der Wanne, also mit gleicher Winkelgeschwindigkeit, als auch schneller (im gleichen Drehsinn) oder langsamer (relativ entgegengesetzt) rotieren. Am unteren Ende der Zylinderwandung befindet sich ein feiner Ringschlitz (Höhe 4 mm) S. Durch diesen Schlitz läuft der Zylinder vom Ringraum d her voll Wasser. Sein eigentlicher Zweck ist, daß während der Experimente, bei denen die Vorgänge im Ringraum d (Breite 125 cm) studiert werden sollen, durch diesen Schlitz S Farbstoff, in den Zylinder geschüttet, in den Ringraum d hinein diffundiert und so die Bewegungsvorgänge für die photographische Aufnahme sichtbar macht. Bei den Abb. 2a und 2b denke man sich wieder die Rotationsbühne über der Betonwanne (s. Beschreibung der Gesamtmodellapparatur Abb. 1a und 1b). Von der Bühne aus werden die Stromfelder photographiert.

II. Theoretische Vorbemerkungen

1) Das Isobarkoordinatensystem

Wir legen unseren Untersuchungen ein räumliches Koordinatensystem (r, φ, z) zugrunde, das durch die drei Einheitsvektoren $\mathfrak{k}_r$; $\mathfrak{k}_\varphi$; $\mathfrak{k}_z$ repräsentiert wird und an der Isobarfläche (Oberfläche) der rotierenden Wassermasse orientiert ist (s. Abb. 3).

Die Wanne mit ihrer Wasserfüllung rotiert mit konstanter Winkelgeschwindigkeit ω um ihre vertikale Zentralachse $\mathfrak{k}$ (s. Abb. 3). Nach einer

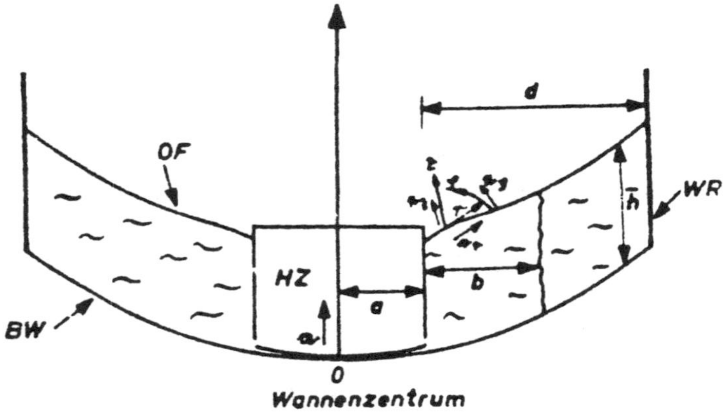

Abb. 3: Das Isobarkoordinatensystem (r, φ, z) (Vertikalschnitt)
$\mathfrak{u}$ = Einheitsvektor, der die Richtung der Zentralachse der Rotation angibt (Wannenzentrum O); HZ = Hohlzylinder, $\mathfrak{s}_r$, $\mathfrak{s}_\varphi$, $\mathfrak{s}_z$ = Einheitsvektoren des räumlichen Isobarkoordinatensystems (r, φ, z); r = radiale isobare, φ = zonale isobare, z = vertikale anisobare Koordinate, d = Breite des Ringraumes; b = Breite des Reibungsringes; a = Radius des Hohlzylinders; $\bar{h}$ = mittlere Wasserhöhe; WR = Wannenrand; OF = Wasseroberfläche; Wellenschraffur = Wasserfüllung; BW = Betonwanne

bestimmten Zeitdauer (s. dazu Kapitel III) haben alle Wasserteilchen die Winkelgeschwindigkeit ω angenommen. Die Wassermasse rotiert dann zusammen mit der Wanne wie ein starrer Körper um die vertikale Zentralachse $\mathfrak{u}$ mit der konstanten Winkelgeschwindigkeit ω; sie rotiert "quasistarr". Ihre Oberfläche ist ein Rotationsparaboloid. Der Einheitsvektor $\mathfrak{u}$ ist die Normale auf das Rotationsparaboloid im Wannenzentrum O und fällt in die Figurenachse der Wanne (Abb. 3). Für den Drehvektor der "quasistarren" Rotation der Wassermasse gilt demnach:

$$\mathfrak{w} = \omega \cdot \mathfrak{u} \qquad (1)$$

Der Vektor $\mathfrak{w}$ ist so gerichtet, daß, von oben gesehen, die Rotation "gegen den Uhrzeiger" erfolgt, d.h. "zyklonal" im Sinne der Nordhalbkugel. Dieser Drehsinn wird während der ganzen Untersuchung beibehalten. Mehrere Gegenversuche im Drehsinn der Südhalbkugel wurden durchgeführt, ergaben jedoch keine Unterschiede.

Die Vektoren $\mathfrak{r}_r; \mathfrak{r}_\varphi; \mathfrak{r}_z$ sind auf die Oberfläche der rotierenden Wassermasse, die gleichzeitig Isobarfläche ist, bezogen. $\mathfrak{r}_r$ gibt die radiale Richtung in der Isobarfläche an, r ist somit die radiale isobare Koordinate, die positiv nach außen zum Wannenrand hin wächst; $\mathfrak{r}_\varphi$ zeigt die tangentiale oder "zonale" Richtung in der Isobarfläche an, φ ist die "zonale" isobare Koordinate und nimmt positiv im Sinne der Rotation zu; $\mathfrak{r}_z$ ist die Richtung der Normalen auf die Isobarfläche, z daher die vertikale anisobare Koordinate, positiv aufwärts gerechnet.

Die feste Verbindung des Koordinatensystems (r, φ, z) mit den Isobarflächen der rotierenden Wassermasse setzt voraus, daß um die z-Achse keine Rotation des Koordinatensystems (r, φ, z) relativ zur rotierenden Wassermasse (Wanne) erfolgt und das System auch sonst keine Relativbeschleunigungen erfährt, so daß es im Stromfeld unbeschleunigt "mitschwimmt", jeweils an den Isobarflächen orientiert. Es sei weiter vorausgesetzt, daß die Beträge der Relativrotation des Zylinders $|\Delta\omega|$ und der Wannenrotation ω von gleicher Größenordnung sind. Denn das Ziel, mit Hilfe dieses Isobarkoordinatensystems einfache Gleichungen der Bewegungen der Turbulenzelemente zu gewinnen, wird nur erreicht, wenn die r-Richtung in den jeweiligen Isobarflächen (s. Abb. 3) nicht wesentlich von der r-Richtung der "quasistarren" Rotation der Wassermasse abweicht.

Der Zylinder rotiert relativ zur rotierenden Wanne um die gleiche Achse $\mathfrak{a}$ wie die Wanne selbst. Seine Winkelgeschwindigkeit nennen wir $\Delta\omega$: In der Zylinderoberfläche ist also

$$\Delta\omega = \frac{d\varphi}{dt} \tag{2}$$

Für den Vektor $\Delta\mathfrak{w}$ der Relativdrehung des Zylinders gilt:

$$\Delta\mathfrak{w} = \Delta\omega \cdot \mathfrak{a} \tag{3}$$

Positive Werte von $\Delta\omega$ bedeuten eine Relativrotation des Zylinders im gleichen Sinne wie die rotierende Wassermasse und Wanne. Negative Werte von $\Delta\omega$ bedeuten eine Relativrotation des Zylinders entgegengesetzt zur rotierenden Wassermasse und Wanne.

2) Das stationäre Scherungsstromfeld

Die Beobachtungen der stationären Strömungszustände im rotierenden Wassermodell - wir greifen hier den Ergebnissen des Kapitels IV vor - zeigen bei relativ rotierendem Zylinder eine stationäre Zonalströmung $v(r)$ innerhalb eines "Reibungsrings" bestimmter Breite b (s. Abb. 3) rund um den Zylinder. Diese Zonalströmung ist nicht mit z variabel, abgesehen von einer etwa 1 - 2 cm mächtigen Schicht über dem Wannenboden. Diese Unabhängigkeit von z findet man jedenfalls bei erheblicher Rotationsgeschwindigkeit ω der Wanne. Nur in stehender Wanne ist die Zonalströmung v auch eine Funktion von z: $v = v(r, z)$.

Ist $\Delta\omega$ positiv, so hat die Zonalströmung am Zylinder den größten Wert und nimmt mit wachsendem r ab, d. h. wir haben dann ein "antizyklonales" Relativscherungsfeld: $\frac{\partial v}{\partial r} < 0$ (innerhalb des "Reibungsringes"). Ist dagegen $\Delta\omega$ negativ, so besitzt v am Zylinder ebenfalls den größten Betrag, aber den kleinsten (negativen) Wert, um mit wachsendem r zuzunehmen. d. h. wir haben dann ein "zyklonales" Relativscherungsfeld: $\frac{\partial v}{\partial r} > 0$ (innerhalb des "Reibungsringes"). Außerhalb des "Reibungsringes" ist keine Relativströmung vorhanden. Die radiale isobare Komponente u der stationären Strömung sowie die vertikale anisobare Komponente w sind den Beobachtungen nach gleich Null. Es gilt demnach für den Vektor $\mathfrak{w} = \{u, v, w\}$ der stationären Strömung im "Reibungsring", wenn $\omega > 0,2\ \mathrm{sec}^{-1}$ ist:

$$(4) \qquad \mathfrak{w} = v(r) \cdot \mathfrak{e}_{\varphi} \qquad \frac{\partial v}{\partial t} = 0; \; u = 0; \; w = 0; \; \frac{\partial v}{r\partial\varphi} = 0; \; \frac{\partial v}{\partial z} = 0,$$

ausgenommen eine etwa 1 - 2 cm mächtige Schicht unmittelbar über dem Wannenboden.

3) "Monotroper" Austausch

Wie bereits bemerkt, entsteht mit positivem $\Delta\omega$ ein antizyklonal scherender "Reibungsring". Die Zylinderoberfläche beschleunigt durch Reibung die ihr unmittelbar benachbarten Wasserteilchen im Richtungssinn der Rotation ω. Mit der Zeit entsteht dadurch der "antizyklonale Reibungsring" rund um den Zylinder mit einer Zonalströmung $v(r) > 0$, während außerhalb des "Reibungsringes" (s. Abb. 3) nach wie vor keine meßbare Relativströmung vorhanden ist. Im stationären Endzustand hat v unmittelbar am Zylinder den größten Wert und nimmt ab bis zum Radius r = a + b (s. Abb. 3). Dort ist nach wie vor v = O. Im "Reibungsring" herrscht also die Relativscherung $\frac{\partial v}{\partial r} < 0$.

Die Relativrotation des Zylinders $\Delta\omega$ erzeugt eine nichtstationäre turbulente Störbewegung $\mathfrak{w}' = \{u', v', w'\}$, wobei u' die radiale isobare, v' die zonale isobare und w' die vertikale anisobare Komponente der Störbewegung bedeutet. Die Komponenten des Vektors $\mathfrak{w}'$ geben dabei die gesamte Bewegung der Turbulenzelemente gegenüber dem mit ω rotierenden System (Wanne) an, sind also keine turbulenten Zusatzgeschwindigkeiten im gebräuchlichen Sinne.

Wir setzen zunächst voraus, daß die anisobare Komponente w' der Störbewegung für die Ausbildung des isobaren Stromfeldes keine Bedeutung hat. (In Kapitel IV, Abschnitt 3 wird diese Voraussetzung eingeschränkt.) Weder die Reibungskraft an der Zylinderoberfläche noch die Corioliskraft beeinflussen die anisobare Komponente w' merklich, sofern wir die unterste Wasserschicht am Wannenboden (etwa 1 bis 2 cm mächtig) von dieser Betrachtung ausnehmen. Es genügt also, die beiden isobaren Komponenten u' und v' zu betrachten.

Die isobare Störbewegung (u', v') hat einen radialen Impulsfluß der v'-Komponente zur Folge: Viele nichtstationäre Impulsübergänge "bauen" den "Reibungsring" auf, bis der stationäre Endzustand erreicht ist.

Wie in der Austauschtheorie üblich, nehmen wir an, daß ein irgendwie angestoßenes Turbulenzelement eine kurze Wegstrecke s ohne Reibung durchläuft und sich dann mit der umgebenden Wassermasse vermischt. Diese isobare Bewegung auf dem "freien" Wege s zwischen Anstoß und Vermischung genügt den Bewegungsgleichungen

$$(5) \qquad \frac{du'}{dt} - 2\omega v' = 0; \quad \frac{dv'}{dt} + 2\omega u' = 0,$$

wobei t die Zeit und $\frac{du'}{dt}$, $\frac{dv'}{dt}$ die individuellen Änderungen von u' und v' in der Zeit dt angeben. Sowohl die "radiale" als auch die "zonale" Komponente des Druckgradienten verschwindet. Diese Gln. (5) gelten streng im kartesischen Koordinatensystem. Da die "freien" Wegstrecken s sehr kurz sind, kann man die Gleichungen (5) mit guter Näherung auch im (r, φ, z)-System verwenden.

Die Gleichungen (5) sind im kartesischen System die Gleichungen eines "Trägheitskreises"; der "freie" Weg s zwischen Anstoß und Vermischung ist ein Stück eines solchen "Trägheitskreises". Der "Reibungsring" entsteht nun dadurch, daß die durch die Rotation des Zylinders $\Delta\omega$ in zonaler Richtung $(+ \mathfrak{r}_\varphi)$ angestoßenen Turbulenzelemente (mit positivem v' also) ein Stück eines Trägheitskreises bis zu ihrer Vermischung zurücklegen und dabei andere Turbulenzelemente anstoßen und so fort.

Dabei kommt es vor allem auf die v'-Impulse an, denn diese erzeugen schließlich den stationären Reibungsring. Daher müssen wir die "individuelle" Änderung $\frac{dv'}{dr}$ ins Auge fassen, welche ein Turbulenzelement auf dem "freien Wege s erfährt: Dafür gilt (definitionsgemäß) die Gleichung:

$$(6) \qquad \frac{dv'}{dt} = u' \cdot \frac{dv'}{dr},$$

"individuell" differenziert.

Setzen wir diese Gleichung in die zweite Gleichung (5) ein, so erhalten wir unter der Voraussetzung $u' \neq 0$:

$$(7) \qquad \frac{dv'}{dr} + 2\omega = 0.$$

Diese Gleichung zeigt, welches Scherungsfeld $\frac{\partial v}{\partial r}$ im Reibungsring die "stationäre" Bedingung erfüllt, daß nämlich die Turbulenzelemente bei ihrer Vermischung keine Impulse an die umgebende Wassermasse abgeben: Innerhalb des Reibungsringes muß also gelten

$$8) \qquad -\frac{\partial v}{\partial r} = -\frac{dv'}{dr} = 2\omega$$

Das ist die eine stationäre Bedingung. Die andere fordert, daß der Zylinder selbst keine v'-Impulse in den Reibungsring liefert:

(9) $$v(a) = a \cdot \Delta\omega$$

($r = a$ ist der Radius des Zylinders).

Gleichung (8), verbunden mit Gleichung (9), sagt aus: Jedes Turbulenzelement hat auf jedem Radius r dieselbe Geschwindigkeitskomponente v' wie seine Umgebung (v). Hieraus folgt die Breite b_m des stationären, antizyklonal scherenden Reibungsringes:

(1o) $$-\frac{\partial v}{\partial r} = \frac{v(a)}{b_m} = 2\omega ;$$

(11) $$b_m = \frac{a \cdot \Delta\omega}{2\omega}$$

Die stationäre Breite b_m des antizyklonalen Reibungsringes ist gleich dem Radius eines Trägheitskreises, den ein mit der Geschwindigkeit $a \cdot \Delta\omega$ angestoßenes Turbulenzelement durchlaufen würde.

Übrigens bedeutet Gleichung (9), daß k e i n e Reibungskraft an der Zylinderoberfläche auftritt. Die Gleichung (8) sagt aus, daß im Reibungsring kein radiales Gefälle des a b s o l u t e n Drehimpulses vorhanden ist. Das ist nach P. R a e t h j e n [14] die Bedingung des "monotropen" Austauschgleichgewichts, wie auch direkt einzusehen ist: Die Turbulenzelemente werden am rotierenden Zylinder in zonaler Richtung angestoßen, der Austausch ist "monotrop", d.h. er weist nur e i n e , nämlich die zonale, Doppelrichtung des Anstoßens der Turbulenzelemente auf. Dieser "monotrope" Austausch hat die Eigenschaft, daß der absolute Drehimpuls ($v \cdot r + \omega \cdot r^2$) als austauschbare Größe auftritt. Nach R a e t h j e n s Theorie des "monotropen" Austausches [14] bestimmt sich dann der Impulsstrom bzw. die "Schubspannung" $S_{\varphi r}$ mit dem Austauschkoeffizienten $A_r > 0$ zu:

(12) $$S_{\varphi r} = A_r \cdot \left(\frac{\partial v}{\partial r} + 2\omega\right).$$

Setzt man hier Gleichung (8) ein, so verschwindet die Schubspannung $S_{\varphi r}$. Dies ist die Bedingung dafür, daß der antizyklonale Reibungsring s t a t i o -

n ä r ist: Die Schubspannung verschwindet am Zylinder selbst und im ganzen Reibungsring! Der Zylinder leistet also k e i n e Reibungsarbeit, und dieserhalb wird auch keine Energie dissipiert. Das ist der theoretische Idealfall. In Wirklichkeit gibt es keinen i d e a l "monotropen" Turbulenzaustausch, denn Dissipation ist stets vorhanden. Unsere Versuche werden zeigen, mit welcher Näherung der Idealfall erfüllt ist.

4) "Isotroper" Austausch

Mit n e g a t i v e m $\Delta\omega$, d.h. bei einer Relativrotation des Zylinders g e g e n die Wannenrotation, entsteht ein z y k l o n a l scherender "Reibungsring" $\frac{\partial v}{\partial r} > 0$. Der Zylinder verzögert durch unmittelbare Reibung die Bewegung der Wasserteilchen, so daß im Reibungsring $v < 0$ ist.

Die durch die Zylinderrotation ($\Delta\omega < 0$) unmittelbar zonal in Richtung ($-\mathbf{i}_\varphi$) angestoßenen Turbulenzelemente werden auf ihrem Trägheitskreis n i c h t vom Zylinder fortgeführt, wie im Falle des a n t i z y k l o n a l e n Reibungsringes, sondern kehren zu ihm zurück! Der zyklonale Reibungsring kann demnach nicht durch "monotropen" Austausch entstehen.

Die (beobachtete) Entstehung und Existenz des "zyklonalen" Reibungsringes lassen den Schluß zu, daß der turbulente Austausch hier "isotrop" ist. "Isotrop" bedeutet, daß für die Turbulenzelemente a l l e Anstoßrichtungen gleichberechtigt sind. Man kann sich etwa vorstellen, daß die durch die Rotation des Zylinders zunächst zonal in Richtung ($-\mathbf{i}_\varphi$) angestoßenen Turbulenzelemente mehrfach s e k u n d ä r e Anstöße von anderen Turbulenzelementen erfahren, wodurch die Stoßrichtung und Energie dissipiert werden. So ergibt sich nach einer bestimmten Zeit eine gleichmäßige Verteilung der Stoßrichtungen, d.h. die I s o t r o p i e des turbulenten Austausches. Auf jeden Fall sind isotrope Austauschvorgänge für die Entstehung des zyklonal scherenden Reibungsringes unentbehrlich.

Als austauschbare Größe tritt der Relativimpuls auf, und der Impulsfluß $S_{\varphi r}$ des isotropen Austausches (s. P. R a e t h j e n [14], S. 260-275) ist durch die Gleichung bestimmt:

(13) $$S_{\varphi r} = \rho \ell^2 \left| \frac{\partial v}{\partial r} \right| \cdot \frac{\partial v}{\partial r}, \quad (\rho\text{: Dichte}) .$$

In dieser Gleichung bedeutet ℓ den *Prandtl*schen "Mischungsweg", der von seinem Urheber ursprünglich als *mittlere* "freie" Wegstrecke definiert worden ist und demnach im vorliegenden Falle als *Mittelwert* der r-Komponente s_r aller "freien" Wegstrecken s zu gelten hat.

Mit Hilfe der Abb. 4 sei der Zusammenhang zwischen "freier" Wegstrecke und "Mischungsweg" erläutert. Diese Abb. 4 zeigt einen isobar gelegenen Trägheitskreis mit dem Radius

(14) $$r' = \frac{|\mathfrak{w}'|}{2\omega} \qquad \omega \neq 0.$$

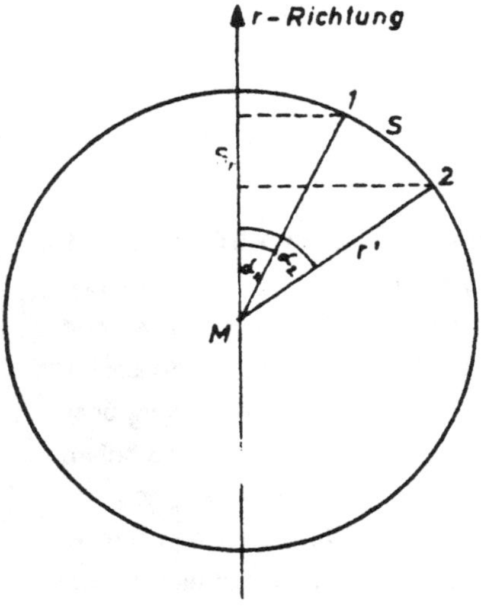

Abb. 4: "Freie" Wegstrecke und Mischungsweg
s = "freie" Wegstrecke eines Turbulenzelements zwischen Anstoß (1) und Vermischung (2)
s_r = r-Komponente von s
r' = Radius des Trägheitskreises mit Mittelpunkt M
α_1, α_2 = Richtungswinkel

Dabei bedeutet $|\mathfrak{w}'|$ den Betrag des auf Seite 49 definierten Vektors $\mathfrak{w}'$ der turbulenten Störbewegung. Unter der Voraussetzung, daß der Einfluß der vertikalen *anisobaren* Störkomponente w' auf die Ausbildung des *isobaren* Stromfeldes nicht wesentlich ist (s. Bemerkung S. 49), gilt wegen $|u'| \cong |v'|$:

(14 a) $$|\mathfrak{w}'| \cong +\sqrt{u'^2 + v'^2} \cong \sqrt{2} \cdot |v'| ,$$

wobei v' die φ-Komponente von $\mathfrak{w}'$ bedeutet.

Ein Turbulenzelement durchläuft auf diesem Trägheitskreis den Bogen s vom Punkt 1 zum Punkt 2. Die zugehörigen Radien r' schließen mit der r-Koordinate die Winkel α_1 und α_2 ein. Dann ist die r-Komponente von s:

(15) $$s_r = r' \cdot (\cos \alpha_1 - \cos \alpha_2).$$

Nach dem Additionstheorem folgt aus Gleichung (15)

(16) $$s_r = 2 r' \cdot \sin \left(\frac{\alpha_1 + \alpha_2}{2}\right) \cdot \sin \left(\frac{\alpha_2 - \alpha_1}{2}\right) .$$

Setzen wir die Abkürzungen

(17) $$\frac{\alpha_1 + \alpha_2}{2} = \beta \quad \frac{\alpha_2 - \alpha_1}{2} = \gamma ,$$

so nimmt Gleichung (16) die Form an

(18) $$s_r = 2 r' \cdot \sin \beta \cdot \sin \gamma .$$

Der Mischungsweg l in der rotierenden Wassermasse wird nun als Mittelwert von s_r durch eine dreifache Mittelbildung von s_r über die Winkel ß und γ und den Trägheitskreisradius r' gewonnen. Dabei wird über alle im r-Niveau auftretenden "freien" Wegstrecken s gemittelt. Die drei Mittelbildungen sind voneinander unabhängig, d. h. bei der Mittelung über die eine Größe sind die beiden anderen Größen als Konstanten zu behandeln. Demgemäß führen wir die dreifache Mittelbildung von s_r in drei Schritten durch: Der erste Schritt ist die Mittelbildung über den Winkel ß, der zweite die Mittelung über den Trägheitskreisradius r' und der dritte Schritt schließlich die Mittelbildung über den Winkel γ.

1. Schritt. Die Isotropie bedeutet, daß alle Winkel ß zwischen O und 2π gleich häufig vorkommen. Wir bilden das Mittel von s_r über den Winkel ß:

(19) $$_{\gamma;\, r'}\bar{s}_r = 2 r' \cdot \sin \gamma \cdot \frac{1}{\pi} \int_0^{\pi} \sin \beta \, d\beta = \frac{4}{\pi} \cdot r' \cdot \sin \gamma .$$

Bei der Schreibweise " $_{\gamma;\, r'}\bar{s}_r$ " bedeutet der Querstrich die jeweilige Mittelbildung, hier über ß, und die links unten vor $\bar{s}_r$ stehenden Größen γ; r' jene Größen, über die nicht gemittelt ist.

2. Schritt. Bei festem r besitzt der Radius des Trägheitskreises r' einen Mittelwert $\bar{r}'$. Dieser Wert ist abhängig vom Mittelwert $\overline{|w'|}$ der Störgeschwindigkeitsbeträge und somit auch vom Mittelwert $\overline{|v'|}$ der φ-Komponentenbeträge:

$$\bar{r}' = \frac{\overline{|w'|}}{2\omega} \cong \sqrt{2} \cdot \frac{\overline{|v'|}}{2\omega} \quad . \tag{2o}$$

Dabei sind also $\overline{|w'|}$ und $\overline{|v'|}$ Betragsmittelwerte der Störbewegung im betrachteten r-Niveau (s. Schlichting [2o] S. 538).

Durch Mittelbildung über r' folgt aus Gleichung (19)

$$_{\gamma}\bar{\bar{s}}_r = \frac{4}{\pi}\, \bar{r}' \cdot \sin \gamma . \tag{21}$$

3. Schritt. Bei der Mittelbildung von $_{\gamma}\bar{\bar{s}}_r$ über γ ist zu beachten, daß der Winkel γ eine Art "Zeitmaß" für die "Lebensdauer" der Turbulenzelemente (zwischen Anstoß und Vermischung) darstellt. Die Anzahl der Turbulenzelemente, die durch Vermischung ihre Individualität einbüßen, nachdem sie die dem jeweiligen Winkel γ zugeordneten "freien" Wegstrecken s durchlaufen haben (s. Abb. 4), ist also von γ abhängig. Bei Mittelung der Gleichung (21) über γ ist daher eine normierte Häufigkeitsfunktion H (γ) einzuführen.

Bei der Ableitung dieser Häufigkeitsfunktion H (γ) gehen wir davon aus, daß die "Zerfallsrate" $-\frac{dN}{dt}$ der Turbulenzelemente der jeweils vorhandenen Anzahl N proportional ist:

$$-\frac{dN}{dt} = h \cdot N \tag{22}$$

Die "Zerfallsrate" $-\frac{dN}{dt}$ ist die Anzahl dN der Turbulenzelemente, die durch Vermischung während der Zeit dt ihre Individualität verliert. Die "Zerfallskonstante" h hängt noch von einem Parameter $\varkappa$ ab, der den Stärkegrad der Turbulenz charakterisiert. Denn die "Zerfallsrate" $-\frac{dN}{dt}$ variiert mit wechselnder Turbulenzstärke. Gl. (22) schreiben wir daher genauer:

(22a) $$-\frac{dN}{dt} = h(\varkappa) \cdot N .$$

Als Parameter $\varkappa$ wählen wir die Stromfeldscherung $\frac{\partial v}{\partial r}$, die eng mit dem Turbulenzzustand im Stromfeld verknüpft ist, und machen für $h(\varkappa)$ den linearen Ansatz

(23) $$h(\varkappa) = \sigma \cdot \left| \frac{\partial v}{\partial r} \right| .$$

σ ist ein dimensionsloser positiver Koeffizient, dessen Wert aus Beobachtungen zu bestimmen ist. Beziehung (23) in Gleichung (22a) eingesetzt und Integration nach der Zeit ergibt:

(24) $$H(t) = \frac{N}{N_o} = e^{-\sigma \left| \frac{\partial v}{\partial r} \right| \cdot t}$$

H(t) ist die gesuchte Häufigkeitsfunktion in Abhängigkeit von der "Lebenszeit" t. Es besteht folgender Zusammenhang zwischen dieser Zeit t und dem Winkel γ: Ein Turbulenzelement durchläuft den Umfang eines Trägheitskreises in der Zeit

(25) $$\bar{t} = \frac{2\pi}{2\omega},$$ einen Bogen der Länge l in der Zeit

(25a) $$t_1 = \frac{2\pi}{2\omega} \cdot \frac{1}{2\pi} = \frac{1}{2\omega} .$$

Für einen Bogen der Länge $2\gamma = \alpha_2 - \alpha_1$ beträgt also die "Lebenszeit" t

(26) $$t = \frac{2\gamma}{2\omega} = \frac{\gamma}{\omega} .$$

Setzen wir in die Funktion H(t) die Beziehung (26) ein, so haben wir die Häufigkeitsfunktion $H(\gamma)$ gefunden:

(27) $$H(\gamma) = e^{-\sigma \cdot \left| \frac{\partial v}{\partial r} \right| \cdot \frac{\gamma}{\omega}}$$

Wir können nun das Mittel von ${}_{\gamma}\overline{\overline{s}}_{r}$ über γ bilden, indem wir Gleichung (21) mit der Häufigkeitsfunktion $H(\gamma)$ multiplizieren und von O bis + ∞ integrieren, wobei $H(\gamma)$ auf den Wert 1 zu normieren ist. Wir erhalten:

$$(28)\qquad \overline{\overline{s}}_r = \frac{4}{\pi}\cdot \overline{r'} \cdot \frac{\int_0^{+\infty} e^{-\sigma\left|\frac{\partial v}{\partial r}\right|\cdot\frac{\gamma}{\omega}} \sin\gamma\, d\gamma}{\int_0^{+\infty} e^{-\sigma\left|\frac{\partial v}{\partial r}\right|\cdot\frac{\gamma}{\omega}}\, d\gamma}$$

Führt man die Integration im Zähler und Nenner aus, so ergibt sich:

$$(29)\qquad \overline{\overline{s}}_r = \frac{4}{\pi}\cdot \overline{r'} \cdot \frac{\sigma\left|\frac{\partial v}{\partial r}\right|\cdot\frac{1}{\omega}}{1+\left(\sigma\cdot\left|\frac{\partial v}{\partial r}\right|\cdot\frac{1}{\omega}\right)^2} = \ell$$

Damit ist der Mischungsweg ℓ in der rotierenden Wassermasse bestimmt.

Die Gleichung (29) dient nun der Bestimmung der Breite b_i des "zyklonalen" Reibungsringes. Nach der P r a n d t l schen Turbulenzlehre gilt die Beziehung

$$(30)\qquad \left|\overline{v'}\right| = \ell\left|\frac{\partial v}{\partial r}\right| .$$

Der mittlere Trägheitskreisradius $\overline{r'}$ läßt sich dann unter Benutzung von Gleichung (14 a) schreiben

$$(31)\qquad \overline{r'} = \frac{\left|\overline{w'}\right|}{2\,\omega} \cong \sqrt{2}\,\frac{\left|\overline{v'}\right|}{2\,\omega} \cong \sqrt{2}\cdot\ell\cdot\frac{\left|\frac{\partial v}{\partial r}\right|}{2\,\omega} .$$

Für $\left|\frac{\partial v}{\partial r}\right|$ führen wir folgende Näherung ein:

$$(32)\qquad \left|\frac{\partial v}{\partial r}\right| \cong \frac{|\Delta v|}{\Delta r} \cong a\cdot\frac{|\Delta\,\omega|}{b_i} .$$

Setzt man die Näherung (32) in Gleichung (31) ein und diese dann in Gleichung (29), so erhält man nach Kürzung von ℓ:

$$(33)\qquad \frac{4}{\pi}\sqrt{2}\cdot\frac{a\,|\Delta\omega|}{2\omega b_i} \cong \frac{\omega}{\sigma\cdot\left|\frac{\partial v}{\partial r}\right|} + \frac{\sigma\cdot\left|\frac{\partial v}{\partial r}\right|}{\omega} .$$

Hier setzen wir nochmals den Näherungswert für $\frac{\partial v}{\partial r}$ nach Gleichung (32) ein und erhalten:

$$(34) \qquad \frac{4}{\pi} \cdot \sqrt{2} \cdot \frac{a|\Delta\omega|}{2\omega \cdot b_i} \cong \frac{\omega b_i}{\sigma \cdot a \cdot |\Delta\omega|} + \frac{\sigma \cdot a \cdot |\Delta\omega|}{\omega \cdot b_i} .$$

Mit dem Symbol b_m der Gleichung (11) schreibt sich diese Gleichung:

$$(35) \qquad \frac{4}{\pi} \cdot \sqrt{2} \cdot \frac{b_m}{b_i} \cong \frac{1}{2\sigma} \cdot \frac{b_i}{b_m} + 2\sigma \cdot \frac{b_m}{b_i} .$$

Dabei ist sowohl b_i als auch b_m eine Funktion von $\frac{|\Delta\omega|}{\omega}$. Beide bedeuten die Breite des "Reibungsringes" bei verschiedenem physikalischen Sachverhalt. Der Bruch $\frac{b_i}{b_m}$ in Gleichung (35) ist nur aus b_i- und b_m-Werten mit gleichem $|\Delta\omega|/\omega$ gebildet. Setzen wir für den so definierten Bruch $\frac{b_i}{b_m}$ das abkürzende Symbol ϑ, so folgt aus Gleichung (35):

$$(36) \qquad \frac{\vartheta^2}{4} \cong \frac{2 \cdot \sqrt{2}}{\pi} \cdot \sigma - \sigma^2 ;$$

ϑ ist also nur eine Funktion von σ, d.h. ϑ ist nahezu konstant.

Die Gültigkeit und Bedeutung der Gleichung (36) muß anhand der Versuchsergebnisse geprüft werden. Der Koeffizient σ ist ebenfalls aus den experimentellen Ergebnissen zu bestimmen, indem man aus diesen den Erfahrungswert $\vartheta_{exper.}$ entnimmt.

III. Stationäre Experimente

1) Aufgabe und Versuchstechnik

Unsere stationären Experimente sollten zwei Fragen beantworten:

a) Mit welcher Näherung ist der theoretische Idealfall des "monotropen" Turbulenzaustausches erfüllt, d.h. wieweit bestätigen die Experimente die Gleichung (11)?

b) Stützen die experimentellen Ergebnisse bezüglich des zyklonalen Reibungsringes die theoretische Erklärung seiner Entstehung durch "isotrope" Austauschvorgänge, d. h. in welchem Umfange bestätigen die Versuche die Gleichung (36)?

Zur Beantwortung der ersten Frage waren also die stationären Strömungszustände zu untersuchen, wie sie durch eine positive Relativrotation $\Delta\omega$ des Zylinders zur rotierenden Wassermasse (Wanne) erzeugt werden, während die Antwort auf die zweite Frage die Untersuchung der stationären Strömungszustände bei negativem $\Delta\omega$ des Zylinders erforderte.

Der Anfangszustand unserer experimentellen Untersuchung ist die "quasistarre" Rotation der Wassermasse. Wir verstehen dabei unter der "quasistarren" Rotation, daß alle Wasserteilchen und der Zylinder die gleiche Winkelgeschwindigkeit ω um die Zentralachse α (s. S. 46) wie die Wanne haben, daß also die Wasserfüllung, der Zylinder und die Wanne wie ein starrer Körper um die vertikale Drehachse α rotieren.

Dieser "quasistarre" Zustand der Rotation stellt sich erst nach einer bestimmten Rotationsdauer der Wanne ein, da zunächst nach Beginn der Wannenrotation nur die boden- und wandnahen Flüssigkeitsteilchen am Wannenboden, Wannenrand und an der Zylinderwand durch Reibung die erforderliche Absolutgeschwindigkeit $\omega \cdot r$ annehmen.

Durch Vorversuche wurde zunächst die Zeit vom Beginn der Wannenrotation bis zum Erreichen des "quasistarren" Zustandes ermittelt. Bei hohen Werten von ω ($1{,}67\ sec^{-1} \geq \omega \geq 1\ sec^{-1}$) beträgt diese Zeit 45-6o Minuten. Dabei ist $\omega = 1{,}67\ sec^{-1}$ die technisch erreichbare maximale Winkelgeschwindigkeit unserer Wanne und entspricht 16 U/min. Für Werte von ω zwischen $1\ sec^{-1}$ und $0{,}37\ sec^{-1}$, d. h. $1\ sec^{-1} > \omega \geq 0{,}37\ sec^{-1}$, stellt sich der "quasistarre" Zustand 6o - 9o Minuten nach Beginn der Rotation ein. $\omega = 0{,}37\ sec^{-1}$ ist das technisch erreichbare Minimum der Winkelgeschwindigkeit unserer Wanne (abgesehen von $\omega = 0$) und entspricht 3,5 U/min. Die Wassermenge ist dabei stets so bemessen, daß im Ringraum (s. Abb. 3) eine mittlere Wasserhöhe von 45 cm herrscht und die Wandung des Zylinders im Zustand der "quasistarren" Rotation 2 cm aus der Wasseroberfläche herausragt (s. Abb. 2 a).

Theoretisch hat bei der "quasistarren" Rotation die Wassermasse im Ringraum d keine Eigenturbulenz. Praktisch läßt sich aber eine geringe Eigenturbulenz, vor allem bei Werten von $\omega \geq 0,73$ sec^{-1} (entspricht 7 U/min.), nicht vermeiden, da durch Lagerung und Antrieb (s. dazu Kapitel I und Abb. 1a, 1b) kleine Stöße von außen gegen die rotierende Wanne technisch nicht zu verhindern sind. Diese kleinen, regellosen Stöße führen zu geringen unregelmäßigen Schaukelbewegungen der Wanne, so daß vor Beginn der Versuche mit einer geringen Eigenturbulenz der "quasistarren" Rotation zu rechnen ist, die jedoch für Werte von $\omega < 0,73$ sec^{-1} praktisch verschwindet.

Für den Sonderfall $\omega = 0$ ist der Anfangszustand - die absolute Ruhe der Wassermasse im Ringraum d - vor Beginn der Versuche turbulenzfrei.

Nach der Herstellung des "quasistarren" Anfangszustandes lassen wir den Zylinder relativ zur Wanne rotieren mit einer irgendwie gewählten relativen Winkelgeschwindigkeit $|\Delta\omega| \leq \omega$. Wenn die Rotationen der Wanne und des Zylinders konstant bleiben, ergibt sich allmählich der bereits oben theoretisch behandelte "stationäre Reibungsring".

Durch eine Reihe "nichtstationärer" Versuche wurde ermittelt, daß die Zeitdauer vom Beginn der Zylinderrotation $\Delta\omega$ bis zum stationären Endzustand des "Reibungsringes" 5 - 10 Minuten beträgt. Daher begannen unsere stationären Messungen und Beobachtungen im Ringraum d erst jeweils 15 Minuten nach dem Einschalten der Zylinderrotation.

Unsere Modellapparatur gestattet es uns, sowohl mit verschiedenen Werten $\Delta\omega$ ($0,26$ sec^{-1} $\leq |\Delta\omega| \leq 0,76$ sec^{-1}) zu experimentieren als auch mit verschiedenen Werten der Wannenrotation ω ($0,37$ sec$^{-1} \leq \omega \leq 1,67$ sec^{-1}). Wir haben also eine Reihe stationärer "Kombinationen" $\langle \omega; \Delta\omega \rangle$ untersucht.

2) Verfahren I: Einfärben und "Unterwasserblitz"

Um in der rotierenden Wassermasse die Strömungen im Ringraum d experimentell durch Messung charakteristischer Größen, wie z. B. der zonalen Geschwindigkeitskomponente v, und durch Beobachtung bestimmter

Ausbreitungs- und Bewegungsvorgänge untersuchen zu können, bedienten wir uns zweier Untersuchungsverfahren. Das erste dieser Verfahren, das in diesem Abschnitt vorgestellt wird, ist eine bekannte und vielfach bewährte Methode: Mit Hilfe eines Farbstoffes wird ein Stromfeldgebiet eingefärbt. Dieses kontrastiert so zu seiner Umgebung, daß eine photographische Aufnahme möglich ist. Auch die Struktur von Strömungsvorgängen kann man durch Einfärben aufdecken, wie bereits O. Reynolds [17] in seinen klassischen Versuchen gezeigt hat.

Bei unseren experimentellen Untersuchungen haben wir die Methode des Einfärbens auf folgende Weise angewandt: Nach Herstellung der "quasistarren" Rotation ließen wir den Zylinder mit einer bestimmten relativen Winkelgeschwindigkeit $\Delta\omega$ rotieren; dadurch wurde im Ringraum d eine Strömung erzeugt. Nach 15 Minuten schütteten wir eine kleine Menge des Farbstoffes "Natrium-Fluoreszenz" (eines rötlichen Pulvers, welches schon in sehr kleiner Menge das Wasser leuchtend grün färbt) in das Innere unseres Zylinders, der an der Unterseite der Wandung einen feinen Ringschlitz besitzt (s. Abb. 2 a). Durch diesen Ringschlitz diffundiert der Farbstoff nach außen in das Strömungsgebiet und färbt es im Laufe von etwa 8 Minuten grün.

Bei allen Rotationsversuchen mit $\omega \neq 0$ zeigte es sich - wir greifen an dieser Stelle den Ergebnissen vor - daß nur eine den Zylinder umgebende Zone bestimmter (jeweils verschiedener) Breite b (der "Reibungsring") intensiv grün gefärbt war und gegen das nicht gefärbte Gebiet des übrigen Ringraumes d scharf abstach (der Boden der Wanne ist schwarz). In dem nicht gefärbten Gebiet war keine Strömung wahrzunehmen.

Um den "Reibungsring" ohne Reflexe photographieren zu können, wurden zwei Blitzlampen im strömungsfreien Teil des Ringraumes d am Rande des Blickfeldes der linken Kamera (s. Abb. 1 b) unter Wasser so montiert, daß das Stromfeld durch sie nicht gestört wurde. Diese "linke" Kamera ist am "Basisrohr" BR (s. Abb. 1 b) befestigt, jedoch nicht in dessen Mitte sondern, vom Beobachter aus gesehen, 48 cm links davon. Die andere Stereokammer, die 48 cm rechts von der Mitte angebracht ist, wurde nicht benutzt, da keine stereophotogrammetrische Auswertung nötig war. Mit dieser phototechnischen Anordnung wurden die Aufnahmen der "Reibungsringe" "geschossen", dabei verschiedene "Kombinationen" $< \omega; \Delta\omega >$ angewandt (s. Abb. 9 bis 11, 13 und 14 in Kapitel IV). Um den Kontrast zwischen dem schwarzen Wannenboden und dem grün leuchtenden "Reibungsring" gut herauszubringen, war eine besonders grünempfindliche Photoplatte "Silbereosin" (12° Din; 13 x 18) erforderlich.

Im Sonderfall $\omega = 0$ (nichtrotierende Wanne) war obiges Photoverfahren nicht anwendbar, da bald der g a n z e Ringraum d nach dem Einbringen des Farbstoffes grün gefärbt war. Einerseits waren daher Photoaufnahmen ohne Nutzen, andererseits konnten die Blitzlampen nicht im Ringraum d angeordnet werden, ohne die im ganzen Ringraum d herrschende Strömung zu stören.

3) Verfahren II: Stromfeldphotographie nach Ahlborn

Das Untersuchungsverfahren II, das wir in diesem Abschnitt erläutern, soll dazu dienen, die Geschwindigkeitsverteilung v (r) im jeweiligen "Reibungsring" zu bestimmen und zu prüfen, ob im übrigen Gebiet des Ringraumes d keine Strömung besteht. Hierfür benutzen wir die bekannte Methode der Stromfeldphotographie nach A h l b o r n [1].

Um die zonale Komponente der Geschwindigkeit v zu ermitteln, wurden kleine Kunststoffplättchen auf die Wasseroberfläche gestreut und von der Rotationsbühne (s. Abb. 1b) aus photographiert. Zur Beleuchtung diente ein Elektronenblitz von sehr kurzer Dauer (1/1000 sec), um den momentanen Ort des Teilchens zu markieren, und eine Dauerbeleuchtung mit 14 Nitraphotscheinwerfern (zusammen 7000 Watt), um mit einer Verschlußzeit der Kamera von 1/15 sec die Bahn der Teilchen als Striche auf die Photoplatte zu bringen. Die Abb. 5 zeigt eine solche Aufnahme. Im "Reibungsring" erscheinen die Kunststoffplättchen als winzige "Kometen" mit verschieden langen "Schweifen".

Um hieraus die zonale Geschwindigkeit v und ihre radiale Verteilung berechnen zu können (die Teilchenbahnen waren alle zonal gerichtet) wurde schon vorher in der l e e r e n Wanne eine weiße Tafel mit einem Koordinatenraster in der entsprechenden Lage aufgestellt und photographiert (s. Abb. 6), jedoch zu den Experimenten wieder herausgenommen.

Abb. 5: Bahnen der Kunststoffteilchen

Mit Hilfe dieses Koordinatenrasters, das den Bildmaßstab liefert und die radiale Entfernung des Teilchens vom Zylinder festzustellen gestattet, wurden die photographischen Aufnahmen der Teilchenbewegung ausgewertet und die zonale Geschwindigkeit v des einzelnen Teilchens im wirklichen Feld nach der Beziehung

$$(37) \qquad v = \frac{\text{gemessene Teilchenbahn auf der Platte x Bildmaßstab}}{\text{Verschlußzeit der Kamera}}$$

ausgerechnet. Abb. 7 zeigt einige auf diesem Wege gewonnene Geschwindigkeitsverteilungen v(r) an der Wasseroberfläche. Der absolute Fehler der Einzelmessung beträgt $\cong \pm 1$ [cm/sec].

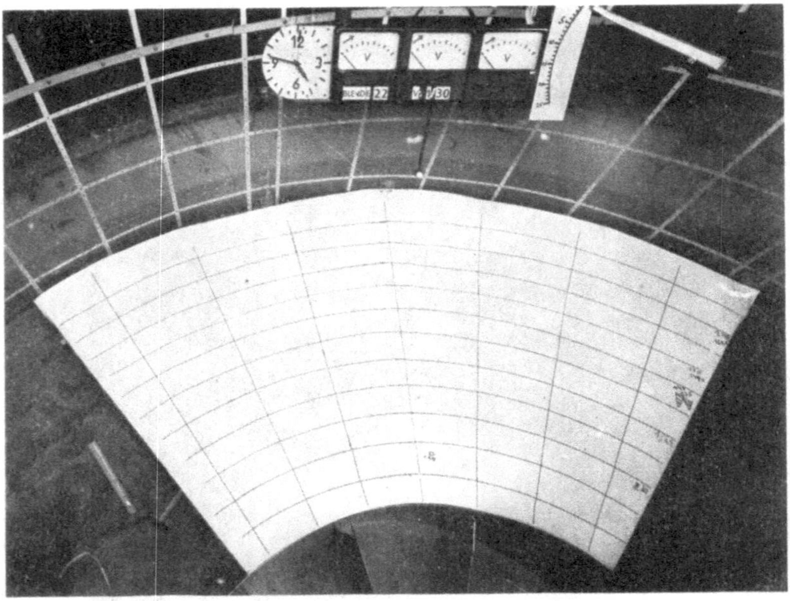

Abb. 6: Koordinatenraster zum Verfahren II (s. S. 62)

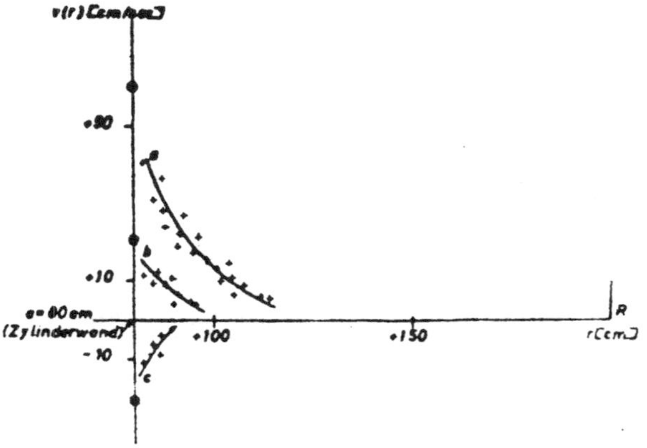

Abb. 7: Gemessene Geschwindigkeitsverteilungen v(r)
Abszisse: r in cm; Ordinate: v in [cm/sec];
Kurve a: Zylinderrotation $\Delta\omega$ = o,76 sec^{-1}
Kurve b: Zylinderrotation $\Delta\omega$ = o,26 sec^{-1}
Kurve c: Zylinderrotation $\Delta\omega$ = -o,26 sec^{-1}
Für die Kurven a, b, c: Wannenrotation ω = o,37 sec^{-1}

Bei einem bestimmten Abstand vom Zylinder zeigen die Teilchen keine Bewegung mehr, wie in Abb. 5 deutlich zu sehen ist: Der "Schweif" ist verschwunden. Auf die Geschwindigkeitsverteilungen v(r), dargestellt in Abb. 7, kommen wir in Kapitel IV zurück.

Für den Sonderfall $\omega = 0$ war allerdings die "Teilchenmethode" nicht brauchbar. In diesem Fall mußten wir uns auf die im nachfolgenden Abschnitt beschriebenen "Schwimmkörper"-Beobachtungen beschränken.

IV. Stationäre Ergebnisse

1) Unterschied rotierender und nichtrotierender Experimente

Abb. 7 zeigt drei aus Messungen nach Verfahren II ermittelte Geschwindigkeitsprofile v(r). Auf der Abszisse ist die radiale Koordinate r in cm aufgetragen. Die Zylinderwand liegt bei r = a = 80 cm. Die Ordinate gibt die Geschwindigkeit v in [cm/sec] an. Die Geschwindigkeitsverteilung der Kurve a entspricht der "Kombination" $\langle \omega = 0{,}37\ \text{sec}^{-1};\ \Delta\omega = 0{,}76\ \text{sec}^{-1} \rangle$, die der Kurve b der "Kombination" $\langle \omega = 0{,}37\ \text{sec}^{1};\ \Delta\omega = 0{,}26\ \text{sec}^{1} \rangle$. Die Relativscherung ist in beiden Fällen antizyklonal: $\frac{\partial v}{\partial r} < 0$. Die Rotation der Wanne und Wassermasse ω ist in beiden "Kombinationen" gleich. Aber die verschieden starke Relativrotation $\Delta\omega$ bedingt eine verschiedene Ausdehnung der Zone, in der $v(r) \neq 0$ gemessen wird. Kurz gesagt: Der "Reibungsring" ist verschieden breit. Dennoch ist in beiden Fällen deutlich zu sehen, daß die Zonalströmung v in einer bestimmten, nach Verfahren II nicht genau zu ermittelnden Entfernung vom Zylinder praktisch verschwindet.

Die Geschwindigkeitsverteilung der Kurve c gehört zur "Kombination" $\langle \omega = 0{,}37\ \text{sec}^{-1};\ \Delta\omega = -0{,}26\ \text{sec}^{-1} \rangle$. Die Relativscherung ist zyklonal: $\frac{\partial v}{\partial r} > 0$. Man sieht deutlich, daß die Scherung $\frac{\partial v}{\partial r}$ steiler ist und v schon etwas näher am Zylinder verschwindet als bei der "Kombination" $\langle \omega;\ \Delta\omega \rangle$, die zur Kurve b gehört. Beide "Kombinationen" unterscheiden sich nur durch das Vorzeichen der Relativrotation $\Delta\omega$; die Relativscherungen $\frac{\partial v}{\partial r}$ haben daher ebenfalls entgegengesetzte Vorzeichen.

Wir betrachten jetzt den Fall, daß die Wanne bei einer Relativrotation des Zylinders $\Delta\omega \neq 0$ selbst n i c h t rotiert: $\omega = 0$. In diesem "Sonderfall" versagte die soeben beschriebene Stromfeldphotographie nach A h l b o r n. Denn das Stromfeld hat dann keine zweidimensionale Struktur, sondern im ganzen Ringraum d herrscht eine Radialzirkulation; in oberen Schichten vom Zylinder zum Wannenrand gerichtet, in unteren Schichten umgekehrt. Es ist eine radiale und vertikale Geschwindigkeitskomponente vorhanden.

Diesen Sachverhalt konnten wir feststellen mit Hilfe einiger (visuell beobachteter) "Schwimmkörper". Hierfür dienten klein zusammengefaltete Fließpapiere (Kaffeefiltertüten), die im Wasser weder Auf- noch Abtrieb besaßen und deshalb mit der Strömung schwammen (auch unter Wasser). Diese Schwimmkörper zeigten im "Sonderfall" $\omega = 0$ deutlich die r a d i a l e Vertikalzirkulation, dagegen in allen Fällen $\omega \neq 0$ nur z o n a l e Strömungen. Dies ist ein frappanter Unterschied zwischen den rotierenden und nichtrotierenden Systemen: Die ersteren besitzen ausgesprochen z w e i dimensionale Stromfelder mit nur z o n a l e n Strömen, welche in allen Schichten einander gleich sind mit Ausnahme einer bodennahen Unterschicht von 1 bis 2 cm Mächtigkeit. Aber die nichtrotierenden Systeme besitzen außerdem erhebliche V e r t i k a l zirkulationen aller Schichten.

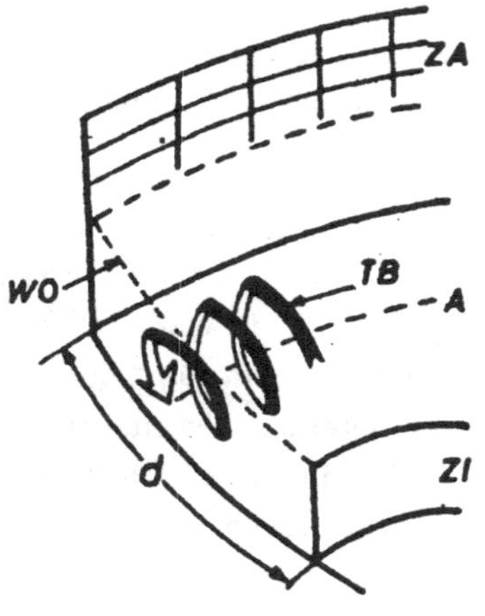

Abb. 8: Teilchenbahn in der s t e h e n d e n Wanne
ZA = stehende Wanne;
ZI = rotierender Zylinder;
TB = Teilchenbahn;
A = Achse der Schraubenbahn TB
WO = Wasseroberfläche
d = Breite des Ringraumes

Im Sonderfall $\omega = 0$ ähnelt die stationäre Bahnbewegung eines Teilchens im Ringraum d einer dreidimensionalen Schraubenbewegung, deren Achse zu einem Kreisring um den Zylinder geschlossen ist und parallel zur Umfangsrichtung der Zylinderoberfläche liegt. Die Bahn ist umso ausgeprägter und die Bewegung auf dieser Bahn umso schneller, je stärker die Relativrotation $\Delta\omega$ ist. Die schematische Abb. 8 soll aus perspektivischer Sicht eine Vorstellung solcher Teilchenbahnen vermitteln.

Geben wir in das Innere des Zylinders etwas Farbstoff, so breitet sich dieser sehr schnell im ganzen Ringraum d aus und färbt ihn grün. Die dreidimensionale turbulente Störbewegung ist also sehr intensiv und erfaßt den g a n z e n Ringraum d; ein stationär abgegrenzter "Reibungsring" ist nicht zu sehen, jedenfalls nicht mit der Breite $b < d$. Photoaufnahmen waren wegen der Grünfärbung des g e s a m t e n Ringraumes d ohne Nutzen, da jeglicher Kontrast fehlte.

Wir kommen zurück auf den wesentlichen Unterschied zwischen der Struktur des stationären Stromfeldes bei $\omega \neq 0$ und derjenigen bei $\omega = 0$: Bei einer Relativrotation $\Delta\omega \neq 0$ zeigten die Experimente bei nicht verschwindender Wannenrotation ($\omega \neq 0$) die Existenz einer Z o n a l strömung $v(r)$ innerhalb des Reibungsringes, nicht aber die Existenz einer R a d i a l - zirkulation. In diesem Fall ist a u ß e r h a l b des Reibungsringes überhaupt keine Relativströmung vorhanden. Bei n i c h t rotierender Wassermasse ($\omega = 0$) ergaben dagegen die Experimente, daß im g a n z e n Ringraum d eine dreidimensionale Strömung herrscht und eine R a d i a l zirkulation existiert.

Dieser Befund läßt sich so deuten, daß die Reibungswirkung der Bodenschicht bei einer Rotation der Wanne und Wassermasse $\omega \neq 0$ eine Radialzirkulation gegen die hemmende Wirkung der Corioliskraft nicht aufrechterhalten kann, so daß praktisch nur eine stationäre Zonalströmung übrig bleibt. Denn auf alle r a d i a l e n Bewegungen wirkt die Corioliskraft ablenkend derart, daß sie zonale Bewegungskomponenten erzwingt. Diese erzwungenen zonalen Bewegungen werden abermals abgelenkt, so daß radiale Beschleunigungen auftreten, welche nunmehr den ursprünglichen radialen Bewegungen e n t g e g e n wirken, so daß sich keine s t a t i o n ä r e Radialzirkulation zu entwickeln vermag. Wir können mit einem Wort sagen:

Die stationäre Zonalströmung ist in der rotierenden Wanne und Wassermasse "dynamisch stabil". Aber im Sonderfall fehlender Rotation ($\omega = 0$) fehlt auch die hemmende Wirkung der Corioliskraft, und eine stationäre Radialzirkulation vermag sich dann auszubilden.

2) Der antizyklonale Reibungsring

Der stationäre "antizyklonale" Reibungsring (s. dazu Abb. 7, Kurven a und b), in welchem die Zonalströmung v (r) mit antizyklonaler Relativscherung $\frac{\partial v}{\partial r} < 0$ herrscht, gehört jeweils zu einer "Kombination" $\langle \omega; \Delta\omega \rangle$ mit positiven Werten für ω und positiven Werten von $\Delta\omega$. Seine Breite b ist eine Funktion von ω und $\Delta\omega$. Das bedeutet: Ist eine bestimmte Rotation der Wanne und Wassermasse ω gegeben und hat die Relativrotation $\Delta\omega$ des Zylinders einen bestimmten Wert $\Delta\omega > 0$, so entsteht als stationärer Endzustand der "antizyklonale" Reibungsring von der Breite b. Außerhalb dieses Reibungsringes ist dann keine Relativströmung vorhanden.

Die Photoaufnahmen Abb. 9 bis 11 zeigen solche Reibungsringe, die je zu einem Versuch mit konstanten Werten ω und $\Delta\omega$ gehören: Es sind die hell getönten Ringe um die Spurlinie des Zylinders. Sie wurden nach dem Verfahren I (s. dazu Kapitel III, Abschnitt 2) sichtbar gemacht. Sie gehören zu "Kombinationen" $\langle \omega; \Delta\omega \rangle$ mit den Extremwerten von ω und $\Delta\omega$ (s. dazu Kapitel III, Abschnitt 1).

"Kombination" Abb. 9: $\langle \omega = 0{,}37\ sec^{-1}$ (Minimum); $\Delta\omega = 0{,}76\ sec^{-1}$ (Maximum)$\rangle$. Die Breite des Ringes beträgt 51 cm (Bildmaßstab 1 : 17). Die linke Seite des Ringes erscheint auf den Aufnahmen etwas breiter als die rechte Seite; das ist jedoch nur ein perspektivischer Effekt der asymmetrisch zur Mittellinie des Zylinders befestigten Kamera (s. dazu Abb. 1a, 1b).

"Kombination" Abb. 10: $\langle \omega = 1{,}67\ sec^{-1}$ (Maximum); $\Delta\omega = 0{,}76\ sec^{-1}$ (Maximum)$\rangle$. Die Breite beträgt 17 cm (Bildmaßstab 1: 16,8). Die starke Zunahme der Rotation ω von $0{,}37\ sec^{-1}$ auf $1{,}67\ sec^{-1}$ (ungefähr auf das 4,5fache) hat die Breite des Ringes auf ein Drittel der Breite, die zur "Kombination" Abb. 9 gehört, vermindert. Hier tritt der Einfluß der Rotation ω klar zutage.

Abb. 9: Antizyklonaler Reibungsring, $\omega = 0{,}37\ sec^{-1}$, $\Delta\omega = 0{,}76\ sec^{-1}$

Abb. 10: Antizyklonaler Reibungsring, $\omega = 1{,}67\ sec^{-1}$, $\Delta\omega = 0{,}76\ sec^{-1}$

"Kombination" Abb. 11: $\langle \omega = 0{,}37\ sec^{-1}$ (Minimum); $\Delta\omega = 0{,}26\ sec^{-1}$ (Minimum) $\rangle$. Der Reibungsring hat bei einem Bildmaßstab 1:17 die Breite von 26 cm. Gegenüber der "Kombination" Abb. 9 ist die Relativrotation $\Delta\omega$ des Zylinders von 0,76 sec^{-1} auf 0,26 sec^{-1} verringert worden bei gleicher Rotation ω. Der Reibungsring ist ungefähr nur halb so breit wie derjenige, der zur "Kombination" Abb. 9 gehört.

Anmerkung: Durch die Eigenturbulenz (s. S. 60), die schon in geringem Maße vor Beginn der Relativrotation des Zylinders im Ringraum d vorhanden ist, werden nach längerer Zeit (etwa 15-30 Min.) die Reibungsringe allmählich "ausgefranst", dünne grüne "Fäden" dringen in bisher strömungsfreie Teile des Ringraumes d vor und färben diese grün, ohne daß jedoch eine Relativströmung entsteht. Dadurch ist aber die Zuverlässigkeit unserer Experimente nicht beeinträchtigt. Dies beweist u. a.

ein Vergleich mit den Verhältnissen im "Sonderfall" $\omega = 0$: In einer nichtrotierenden Wassermasse färbt sich der g a n z e Ringraum d in sehr kurzer Zeit g l e i c h - m ä ß i g grün, sobald man in das Innere des Zylinders Farbstoff schüttet. Ein "Reibungsring" $b < d$ ist dann nicht vorhanden.

Abb. 11: Antizyklonaler Reibungsring. $\omega = 0{,}37\ sec^{-1}$, $\Delta\omega = 0{,}26\ sec^{-1}$

Wir erinnern uns nun der e r s t e n der beiden Fragen, die zu beantworten die Aufgabe der Experimente war (s. Kapitel III, Abschnitt 1): Mit welcher Näherung ist der theoretische Idealfall des monotropen Impulsaustausches erfüllt, d. h. wieweit bestätigen bei positiven Werten von $\Delta\omega$ die Experimente die Gleichung (11) (S. 51) ?

Um das feststellen zu können, betrachten wir Tabelle 1. In die erste Spalte (von links gelesen) sind die Werte der Rotation ω eingetragen, die zweite enthält die Werte der Relativrotation $\Delta\omega$, während in der dritten die aus den Werten der zugehörigen Spalten 1 und 2 gebildeten dimensionslosen Zahlen $\lambda = \frac{\Delta\omega}{\omega}$ stehen. Die Spalte 4 gibt die aus den Experimenten gewonnenen Werte $b_{exper.}$ an, die Spalte 5 die theoretisch nach Gleichung (11) für entsprechende Werte ω und $\Delta\omega$ berechneten Werte b_m. In Spalte 6 schließlich stehen die Werte des Verhältnisses $\frac{b_{exper}}{\lambda}$.

Tabelle 1

	1	2	3	4	5	6
	ω [sec^{-1}]	$\Delta\omega$ [sec^{-1}]	$\lambda = \frac{\Delta\omega}{\omega}$	$b_{exper.}$ [cm]	b_m [cm]	$\frac{b_{exper.}}{\lambda}$ [cm]
1	1,67	o,76	o,46	17	18,4	37
2	1,67	1,o3	o,62	23	24,8	37,1
3	o,37	o,26	o,7o	26	28,o	37,2
4	o,86	o,91	1,o6	39	42,4	36,8
5	1,67	1,8o	1,o8	38	43,2	35,2
6	o,37	o,76	2,o6	51	82,4	24,8

ω = Wannenrotation; $\Delta\omega$ = Zylinderrotation; $b_{exper.}$ = gemessene Breite; b_m = berechnete Breite des Reibungsringes.

Die Zeilen der Tabelle 1 sind nach der Größe der Zahlen λ angeordnet. Das hat sich aus dem Studium der experimentellen Befunde ergeben: Mit wachsendem λ nimmt auch die Breite $b_{exper.}$ zu; außerdem ist λ der entscheidende Parameter beim Vergleich zwischen experimentell gewonnenen Werten $b_{exper.}$ und theoretisch berechneten b_m: Für Werte $\underline{\lambda \leq 1,0}$ wird die Gleichung (11) durch die experimentell ermittelten Werte $b_{exper.}$ gut bestätigt, d.h. der monotrope Impulsaustausch gibt die wirklichen Verhältnisse in guter Annäherung wieder. Wenngleich die Betrachtung der Zeilen 1, 2 und 5 der Tabelle 1 vermuten läßt, daß der monotrope Fall dann eintritt, wenn die Rotation ω große Werte annimmt, so widerlegt ein Blick auf Zeile 3 der Tabelle diese Vermutung: Auch bei den kleinen ω-Werten dieser Tabelle ist der monotrope Fall möglich, wenn nur der Parameter λ einen Wert $\lambda \leq 1{,}0$ besitzt. Wir sehen also, daß tatsächlich λ der wesentliche Parameter ist. Man kann ihn als eine für unsere Versuche spezielle Form der "Rossby-Zahl" ansehen [19]. Bei der Auswertung für atmosphärische Fragen sind daher nur diejenigen experimentellen Ergebnisse von Bedeutung, bei denen $\lambda < 1$ ist. Denn für die Rossby-Zahl Ro in der Atmosphäre gilt: $Ro < 1$.

Für $\lambda \leq 1{,}0$ sind die Reibungsringe relativ schmal in Übereinstimmung mit Gleichung (11); für Werte $\lambda > 1{,}0$ werden sie dagegen breiter, und die Gleichung (11) wird durch die experimentell ermittelten Werte $b_{exper.}$ nicht mehr gut erfüllt, wie die Tabelle 1 zeigt: $b_{exper.}$ ist in Zeile 6 erheblich kleiner als der theoretische Wert b_m nach Gleichung (11). Man kann diesen Sachverhalt so deuten, daß zum monotropen Impulsaustausch nun *isotrope* Anteile hinzutreten, die Dissipation zunimmt und der *vertikale* Impulsfluß (Störkomponente w') verstärkt zu Impulsverlusten am Wannenboden führt. Daher sind die experimentell gefundenen Werte $b_{exper.}$ wesentlich kleiner als die theoretisch berechneten.

Anhand der Abb. 12 sei der zunehmende Einfluß des *vertikalen* Impulsstromes w' bei breiten Reibungsringen verdeutlicht. Da wir Werte von $\lambda > 1$, die zu breiten Ringen führen, nur mit *kleinen* Werten von ω bekommen (wie es z.B. Zeile 6 der Tabelle 1 zeigt), wird dabei die Wasserschicht zum Wannenrand hin relativ dünn. Denn zum Rotations-

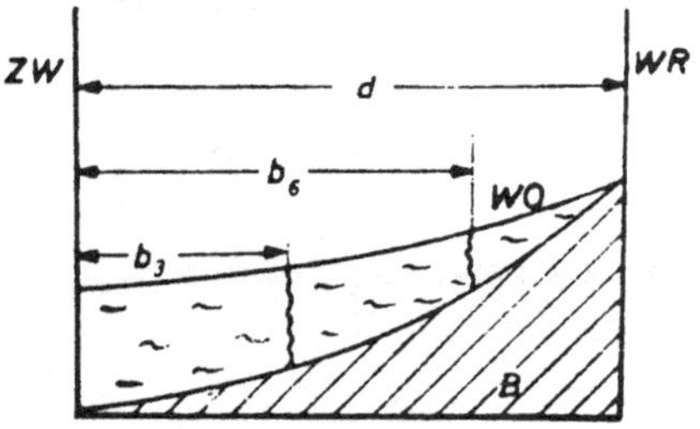

Abb. 12: Vertikalschnitt bei langsamer Rotation
ZW = Zylinderwandung; d = Breite des Ringraumes; WO = Wasseroberfläche; B = fester Wannenboden; WR = Wannenrand; Wellenschraffur = Wasserfüllung; b_3 = gemessene Breite des Reibungsringes (s. Zeile 3, Tab. I); b_6 = gemessene Breite des Reibungsringes (s. Zeile 6, Tab. I)

paraboloid des Wannenbodens gehört der Wert $\omega = 1,6o\ sec^{-1}$, aber die Oberfläche der rotierenden Wassermasse ist mit $\omega = o,37\ sec^{-1}$ (Zeile 6) wesentlich schwächer gekrümmt, wie man in Abb. 12 sieht. Dicht am Zylinder, also für den schmalen Ring b_3 (s. Abb. 12 und Zeile 3 der Tabelle 1), ist der Unterschied der Wassertiefe nicht bedeutsam, aber näher am Wannenrand, z. B. für den breiten Reibungsring b_6 (Abb. 12 und Zeile 6 der Tabelle 1), ist die Wassertiefe erheblich geringer, so daß dort der Impulsverlust am Wannenboden verstärkt auftritt.

3) Zyklonaler Reibungsring

Der stationäre zyklonale Reibungsring (s. Abb. 7, Kurve c) besitzt ein zonales Stromfeld v (r) mit zyklonaler Relativscherung $\frac{\partial v}{\partial r} > 0$ und gehört zu den "Kombinationen" $\langle \omega ; \Delta\omega \rangle$ mit negativen Werten $\Delta\omega$. Seine Breite b ist, wie beim antizyklonalen Reibungsring, eine Funktion von ω und $\Delta\omega$. Die Photoaufnahmen 13 und 14 zeigen Beispiele dieser zyklonalen Reibungsringe.

"Kombination" Abb. 13: $\langle \omega = 1,67\ sec^{-1}$ (Maximum); $\Delta\omega = -o,76\ sec^{-1}$ (Maximum des Betrages).$\rangle$ Die Breite des Ringes beträgt (bei einem Bildmaßstab 1 : 16,8) 13,5 cm. Diese "Kombination" Abb. 13 unterscheidet sich von der "Kombination" Abb. 1o im vorhergehenden Abschnitt nur durch das Vorzeichen der Relativrotation $\Delta\omega$ des Zylinders. Die Breite des Reibungsringes ist im zyklonalen Fall erheblich kleiner als im antizyklonalen; im ersteren 13,5 cm, im letzteren 17 cm.

"Kombination" Abb. 14: $\langle \omega = o,37\ sec^{-1}$ (Minimum); $\Delta\omega = -o,26\ sec^{-1}$ (Minimum des Betrages).$\rangle$ Die Ringbreite ist (bei einem Bildmaßstab 1 : 17) 21 cm. Gegenüber der antizyklonalen "Kombination" Abb. 11 mit einer Ringbreite von 26 cm ist die zyklonale Breite um einige Zentimeter geringer (bei gleichem Betrag $|\Delta\omega|$ aber verschiedenen Vorzeichen).

Die Tabelle 2 ist nach den gleichen Gesichtspunkten wie Tabelle 1 aufgebaut, nur mit dem Unterschied, daß Spalte 2 hier negative Werte $\Delta\omega$ enthält und $\lambda = \frac{|\Delta\omega|}{\omega}$ gesetzt ist. Spalte 4 zeigt Ringbreiten $b_{exper.}$ Spalte 5 lassen wir im Augenblick noch außer Betracht.

Abb. 13: Zyklonaler Reibungsring, $\omega = 1,67\ sec^{-1}$, $\Delta\omega = -0,76\ sec^{-1}$

Abb. 14: Zyklonaler Reibungsring. $\omega = 0{,}37\ sec^{-1}$, $\Delta\omega = -0{,}26\ sec^{-1}$

Tabelle 2

	1	2	3	4	5	6
	ω [sec^{-1}]	$\Delta\omega$ [sec^{-1}]	$\lambda = \frac{\lvert\Delta\omega\rvert}{\omega}$	$b_{exper.}$ [cm]	b_i [cm]	$\vartheta_{exper.} = \frac{b_{exper.}}{b_m}$
1	1,67	-o,46	o,27	8,o	8,o	o,74
2	1,67	-o,76	o,46	13,5	13,6	o,74
3	1,67	-1,o3	o,62	18	18,4	o,73
4	o,37	-o,26	o,7o	22	2o,7	o,79
5	o,86	-o,86	1,oo	28	29,6	o,7o

ω = Wannenrotation; $\Delta\omega$ = Zylinderrotation; $b_{exper.}$ = gemessene Breite; b_i = berechnete Breite des Reibungsringes.

Wir wenden uns jetzt der zweiten der beiden Fragen zu, auf welche die Experimente eine Antwort geben sollten (s. Kapitel III, Abschnitt 1): Stützen die Versuchsergebnisse bezüglich des zyklonalen Reibungsringes die theoretische Erklärung seiner Entstehung durch isotrope Austauschvorgänge, d. h. in welchem Umfange bestätigen die Experimente die Gleichung (36)?

Um die Gültigkeit und den Gültigkeitsbereich der Gleichung (36) anhand der Versuchsergebnisse prüfen zu können, ist zunächst der Koeffizient σ zu bestimmen. Zu diesem Zweck bilden wir aus den Werten der Spalte 6 der Tabelle 2 den Mittelwert $\bar{\vartheta}_{exper.}$ = o,74 und setzen diesen Wert in Gleichung (36) ein folgendermaßen:

$$\sigma^2 - o{,}9\,\sigma \cong -(o{,}37)^2. \qquad (38)$$

Diese quadratische Gleichung für σ hat die Wurzeln $\sigma_1 \cong$ o,7 und $\sigma_2 \cong$ o,2.

Nach der Theorie des Kapitels II, Abschnitt 4), sollte ϑ eine Konstante sein, welche sich im Rahmen unserer Rotationsexperimente nicht mit $\frac{|\Delta\omega|}{\omega}$ ändert. Betrachtet man die Werte $\vartheta_{exper.}$ in Spalte 6 der Tabelle 2, so sieht man, daß für $\lambda < 1$ die Konstanz des ϑ-Wertes gut erfüllt ist: $\vartheta = \bar{\vartheta}_{exper.} = o,74$. Damit ist auch σ eine Konstante im Bereich $O < \lambda < 1$. Die Werte b_i in Spalte 5 der Tabelle 2 sind nun nach der Beziehung

$$b_i = \vartheta \cdot b_m = o,74 \cdot b_m \tag{39}$$

berechnet worden.

Die Experimente bestätigen also für den Bereich $O < \lambda \leq 1$ unsere theoretischen Überlegungen (s. Kapitel II) zur Entstehung des zyklonalen Reibungsringes. Dieses Ergebnis ist wichtig bei der Auswertung unserer Experimente für atmosphärische Fragen, wie bereits auf S. 73 erwähnt wurde.

Bei der Behandlung des antizyklonalen Reibungsringes haben wir gesehen, daß bei breiten Reibungsringen zum monotropen Austausch isotrope Anteile hinzutreten. Berechnen wir nun die Breite des Reibungsringes für den Fall $\lambda = 2,o6$ aus der Tabelle 1 (Zeile 6), in welchem der monotrope Wert b_m den gemessenen Wert $b_{exper.}$ nicht gut annähert, nach der Beziehung (39), so bekommen wir einen Wert b_i = 61 cm. Dieser Wert liegt zwar wesentlich näher an dem gemessenen Wert $b_{exper.}$ = 51 cm, zeigt aber doch, daß unsere Theorie mit wachsendem $\lambda > 1$ immer ungenauer die wirklichen Verhältnisse trifft. Es war ja auch nicht zu erwarten, daß der lineare Ansatz (23) für alle Werte λ, $O < \lambda < \infty$, mit dem gleichen Koeffizienten σ gelten müßte.

Die Gleichung (38) hat zwei Wurzeln $\sigma_1 \cong o,7$ und $\sigma_2 \cong o,2$. Das heißt, es gibt zwei Häufigkeitsfunktionen $H(\gamma)$, welche dem beobachteten Wert $\vartheta = \bar{\vartheta}_{exper.} = o,74$ zugeordnet sind, nämlich

$$H_1(\gamma) \cong e^{-2\gamma} \quad \text{und} \quad H_2(\gamma) \cong e^{-o,5\gamma}. \tag{40}$$

Diese Duplizität ist mathematisch dadurch begründet, daß die Bestimmungsgleichung (38) quadratisch ist. Aber nur eine dieser beiden Häufigkeitsfunktionen ist (im vorliegenden Experiment) physikalisch richtig.

$H_1(\gamma)$ bedeutet, daß die Anzahl N derjenigen Turbulenzelemente, welche bereits einen Bogen $2\gamma = 1$ durchlaufen haben, gleich dem e-ten Teil (etwa 1/3) der Anzahl N_o der Turbulenzelemente ist, welche gerade den Anfangsstoß erfahren haben.
$H_2(\gamma)$ bedeutet, daß die "Lebenszeit" der Turbulenzelemente mehr als dreimal so groß ist: Erst, wenn $2\gamma \cong 4{,}o$ beträgt, erreicht das Verhältnis N/N_o den Wert e^{-1}.

Physikalisch ist die Häufigkeitsverteilung nach $H_2(\gamma)$ wenig wahrscheinlich, denn sie besagt, daß ein Drittel aller Turbulenzelemente mehr als einen halben Trägheitskreis durchläuft (dem Bogen $2\gamma \cong 4{,}o$ entspricht ein Winkel von $229{,}2^o$). Dagegen erscheint die Häufigkeitsverteilung nach $H_1(\gamma)$ physikalisch wesentlich wahrscheinlicher, denn diese sagt aus, daß nur ein Drittel aller Turbulenzelemente einen Bogen von etwa $6o^o$ oder mehr durchläuft, während sich zwei Drittel der Turbulenzelemente bereits nach dem Durchlaufen kürzerer Bögen vermischt haben.

Im Grenzfall $\frac{1}{\lambda} = \frac{\omega}{|\Delta\omega|} \to O$ ergibt sich aus Gleichung (34) nur eine Wurzel für σ, nämlich

$$\sigma_0 \cong \frac{2 \cdot \sqrt{2}}{\pi} \cong o{,}9. \tag{41}$$

Da dieser Wert näher an σ_1 als an σ_2 liegt, erscheint ebenfalls σ_1 und $H_1(\gamma)$ physikalisch sinnvoller als σ_2 und $H_2(\gamma)$.

Es ist nun noch die wichtige Frage nach der Bedingung des stationären Gleichgewichts im zyklonalen Reibungsring zu klären. Im antizyklonalen Reibungsring lautet diese Bedingung $S_{\varphi r} = O$. Im zyklonalen Reibungsring verschwindet $S_{\varphi r}$ nur für $r = a + b_i$ nach Gl. (13). Dagegen ist innerhalb des zyklonalen Reibungsringes $S_{\varphi r} \neq O$! In diesem Fall kann also der Impulssatz nur dadurch stationär erfüllt werden, daß der Drehimpuls, der fortwährend vom Zylinder an das Wasser abgegeben wird, noch innerhalb des Reibungsringes vom Wasser auf den Wannenboden übergeht. Die vertikale anisobare Komponente w' der Störbewegung ist dabei wesentlich. Dies ist auch deshalb einleuchtend, weil es sich dabei um einen "isotropen" Austausch handelt, der in der Nähe des Wannenbodens einen erheblichen vertikalen Impulsstrom besitzt.

Dieser vertikale Impulsstrom verschwindet auch im antizyklonalen Reibungsring nicht streng. Die Experimente zeigen, daß er für Werte $\frac{\Delta\omega}{\omega} = \lambda > 1$ erheblich ist. Aber die Gleichung (8) zeigt, daß der antizyklonale Reibungsring auch ohne vertikalen Impulsübergang stationär werden kann. Die Versuche bestätigen dies für kleine $\lambda < 1$. Hierin liegt ein wesentlicher Unterschied zwischen dem zyklonalen und antizyklonalen "Reibungsring".

4) Atmosphärische Probleme

Es ist eine oft beobachtete Erscheinung, daß am zyklonalen Scherungsrand des jet stream die Windisoplethen enger stehen und die Isentropenflächen stärker geneigt sind als am antizyklonalen Scherungsrand. Unsere Diskussion der stationären Reibungsringe bietet eine Erklärung, warum das so ist: Im zyklonalen Scherungsfeld haben wir isotropen Impulsaustausch mit starker Energiedissipation und vertikalem Impulsstrom. Im antizyklonalen Scherungsfeld dagegen ist der Impulsaustausch als nahezu monotrop (mit isotropen Anteilen) anzusehen. Hier, im antizyklonalen Scherungsrand, erfolgt der Antrieb des jet stream, d.h. die Zufuhr von Impulsen, durch "Wärmezirkulationen", die im Mittel durch die weiträumig-permanenten Solenoide bestimmt sind (s. Raethjen [14] S.160-166; Raethjen-Höflich [16]). Es ist dabei zu beachten, daß der Austausch in der Atmosphäre als Gleitaustausch an die Isentropenflächen gebunden ist, d.h. es kommt auf die isentrope Scherung an. Bei unseren Experimenten fallen Isentropenflächen und Isobarflächen zusammen, so daß hier die isobare Scherung auftritt.

Bedeutung für die allgemeine Zirkulation der Atmosphäre hat auch unser Ergebnis, daß Radialzirkulationen in der rotierenden Wanne und Wassermasse nicht vorkommen. In höheren Breiten, in denen starke Corioliskräfte auftreten, sind erhebliche regionale stationäre Meridionalzirkulationen, also "Wirbel" mit horizontaler Achse, behindert. Die seitliche Vermischung über die Breitenkreise hinweg wird daher überwiegend durch nichtstationäre Zyklonen und Antizyklonen, also "Wirbel" mit vertikaler Achse vollzogen (s. dazu Kapitel V, Abschnitt 4).

V. Nichtstationäre Experimente und Ergebnisse

1) Problem und Versuchstechnik

Im Kapitel IV wurde der stationäre Strömungszustand des "Reibungsringes" im Ringraum d untersucht. Es ist der Zustand des Austauschgleichgewichts. Der turbulente Impulsaustausch, der bei positiven Werten der Relativrotation $\Delta\omega$ den antizyklonal scherenden "Reibungsring" als stationären Endzustand im Ringraum d entstehen läßt, ist vorwiegend monotrop mit isotropen Anteilen. Bei negativen Werten der Relativrotation $\Delta\omega$ ist der turbulente Impulsaustausch isotrop und läßt als stationären Endzustand einen zyklonal scherenden Reibungsring im Ringraum d entstehen. Die Relativströmung im Reibungsring ist zonal mit radialer Verteilung v(r) und zugehörigem Druckfeld. Man kann kurz zusammenfassen: Die Relativrotation $\Delta\omega$ erzeugt in der "quasistarr" rotierenden Wassermasse einen turbulenten radialen Impulsfluß, der den Reibungsring als stationären Endzustand bewirkt.

Wir kehren nun diese Reihenfolge um: Wir gehen vom stationären "Reibungsring" aus und stören durch plötzliches Abbremsen des Zylinders die Relativrotation. Was geschieht dann? Allgemein läßt sich darauf antworten: Allmählich wird die Stromfeldenergie des "Reibungsringes" dissipiert (durch Reibung am Boden und der Zylinderfläche) und nach einer bestimmten Zeit stellt sich der Zustand der "quasistarren" Rotation wieder ein. In diesem Endzustand gibt es im gesamten Ringraum d keine Relativströmung. Die Bewegungsabläufe, die zu dieser "Windstille" führen, haben nichtstationären Charakter, sie sind für jeden Ort Funktionen der Zeit.

Aber auf welche Weise vollzieht sich die Auflösung der Reibungsringe? Wie wird die Stromfeldenergie dissipiert? Diese Fragen lassen sich theoretisch nicht beantworten, hier können nur Experimente weiterhelfen.

Zunächst wurde bei einem bestimmten Wertepaar $\omega \neq 0$ $\Delta\omega \neq 0$, der "Kombination" $<\omega;\ \Delta\omega>$, ein stationärer Reibungsring bestimmter Breite erzeugt und grün gefärbt. Dann bremsten wir die Relativrotation $\Delta\omega$ plötzlich auf $\Delta\omega = 0$ ab: Das Austauschgleichgewicht war gestört.

Die Vorgänge, die jeweils n a c h der Störung des anfänglichen Austauschgleichgewichts im Reibungsring abliefen, wurden mit Hilfe des Untersuchungsverfahrens I: "Einfärben und Photographie mit Unterwasserblitz" (wegen einer genauen Beschreibung dieses Verfahrens s. Kapitel III) verfolgt und untersucht (s. Abb. 15 bis 18).

Abb. 15: Phase I der Wirbelbildung

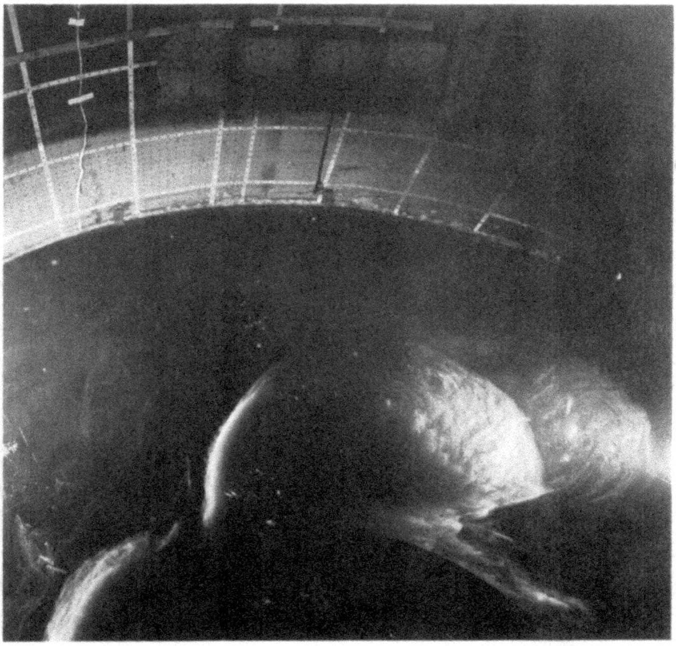

Abb. 16: Phase 2 der Wirbelbildung

2) Wirbelablösung vom antizyklonalen Reibungsring

Nach dem plötzlichen Stoppen der Zylinderrotation auf $\Delta\omega = 0$ bildeten sich, wie die Vorversuche zeigten, in kurzer Zeit (einige Sekunden) unregelmäßig um den Zylinderumfang verteilt, kleine Gebiete "wirbliger" Struktur dicht am Zylinder. Einige dieser "wirbligen" Gebiete nahmen schnell (innerhalb von Sekunden) an Umfang zu und bildeten dann langsam drehende größere Rotationswirbel mit zyklonalem Drehsinn, die den Reibungsring gleichsam "aufrollten": Der Reibungsring zerfiel in diese Wirbel. Etwas später waren nur noch diese inzwischen noch gewachsenen grün gefärbten Wirbel vorhanden, die nach draußen aus dem Bereich des Reibungsringes in den ganzen Ringraum d drifteten, während der Reibungsring völlig verschwunden war.

Diese Wirbel hoben sich scharf von der nicht gefärbten Umgebung ab und konnten so gut photographiert werden (s. Abb. 15 und 16). Allmählich vermischten sich dann die Wirbel mit ihrer Umgebung, ihre Rotationsenergie wurde dissipiert, und nach einigen Minuten war der ganze Ringraum d grün gefärbt. Die "quasistarre" Rotation stellte sich dann allmählich ein.

Die Zeitdauer der oben beschriebenen Phasen der Auflösung des Reibungsringes schwankte von Versuch zu Versuch um einige Sekunden; der Ort, an welchem sich am Zylinder kleine Gebiete "wirbliger" Struktur zu den großen Rotationswirbeln entwickelten, wechselte, und ihre Größe zueinander veränderte sich (Zahl der Wirbel durchschnittlich 2 - 4). Die Rotation der Wirbel relativ zu ihrer Umgebung war langsam; das dem einzelnen Wirbel zugehörige Druckfeld zeigte im Wirbelkern nur minimale Tiefe.

Die Abb. 15 und 16 zeigen zwei Entwicklungsphasen solcher Rotationswirbel. Der zugehörige stationäre Anfangszustand, der Reibungsring, wird durch die Rotation der Wassermasse $\omega = 1{,}67\ sec^{-1}$ und die Relativrotation $\Delta\omega = 0{,}76\ sec^{-1}$ bestimmt. Die beiden Abbildungen sind zwar nicht Photographien ein und desselben Wirbels. Denn wir konnten aus technischen Gründen stets nur einen Blitz pro Versuchsablauf "schießen". Da aber der stationäre Anfangszustand, der "Reibungsring", reproduzierbar ist, können die beiden Abbildungen 15 und 16 dennoch als zwei Phasen ein und desselben Vorganges gelten. Abb. 15 wurde 10 sec. (Phase 1) nach dem plötzlichen Stoppen des Zylinders, Abb. 16 27 sec. (Phase 2) danach aufgenommen.

3) Wirbelablösung vom zyklonalen Reibungsring

Nach dem plötzlichen Stoppen der Zylinderrotation auf $\Delta\omega = 0$ bildeten sich, ziemlich regelmäßig um den Zylinderumfang verteilt und etwas von ihm entfernt, sofort eine Anzahl kleiner Wirbel, welche wesentlich schneller entstanden als die soeben im Abschnitt 2 besprochenen. Einige von ihnen, durchschnittlich 5 - 6, wuchsen schnell an und bildeten wieder Rotationswirbel mit zyklonalem Drehsinn. Der Reibungsring war in sehr kurzer Zeit ($\cong$ 25 sec.) in diese (grün gefärbten) Wirbel zerfallen, die aus dem Bereich des Reibungsringes in den Ringraum d hinaus drifteten und sich dort nur langsam mit ihrer Umgebung vermischten (s. Abb. 17 und 18).

Abb. 17: Phase 1 der Wirbelbildung

Die Relativrotation dieser Wirbel war etwas schneller als diejenige der im vorhergehenden Abschnitt 2 besprochenen. Das zugehörige Druckfeld zeigte aber auch hier im Wirbelkern nur sehr geringe Tiefe.

Schwankungen hinsichtlich der örtlichen Entstehung und des zeitlichen Ablaufes der einzelnen Phasen der Auflösung des Reibungsringes waren zwar ebenfalls von Versuch zu Versuch vorhanden, jedoch nicht so ausgeprägt.

Die Abb. 17 und 18 können auch hier als zwei Phasen der Auflösung ein und desselben gestörten Reibungsringes gelten, obwohl sie in zwei Versuchen "geschossen" wurden. Der zu den Abb. 17 und 18 gehörige stationäre Reibungsring wird durch die Rotation der Wanne und Wasser-

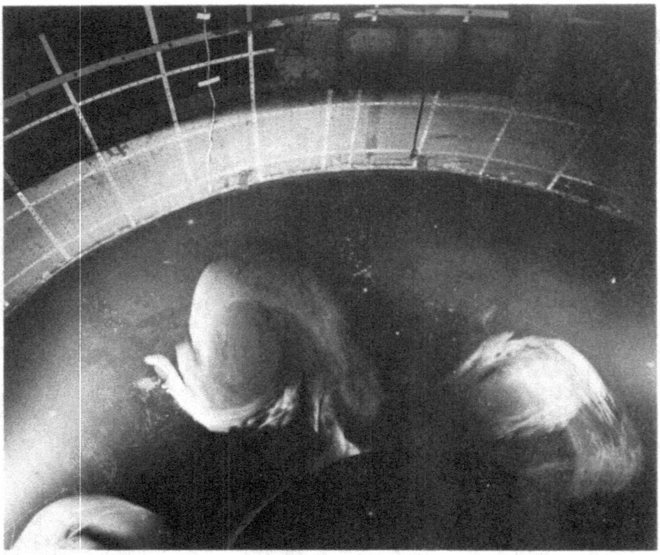

Abb. 18: Phase 2 der Wirbelbildung

masse $\omega = 1{,}67\ sec^{-1}$ und die Relativrotation des Zylinders $\Delta\omega = -0{,}76\ sec^{-1}$ bestimmt. Die Abb. 17 (Phase 1) wurde 15 sec. nach dem Abstoppen des Zylinders, die Abb. 18 (Phase 2) 22 sec. danach aufgenommen.

4) Theoretische Diskussion

Betrachten wir die nichtstationären Experimente, so fallen drei Tatsachen ins Auge:

a) Der stationäre (zyklonale oder antizyklonale) Reibungsring zerfällt nicht sogleich durch kleinräumige Dissipation sondern bildet zunächst große Wirbel.

b) Diese Wirbel haben stets zyklonalen Drehsinn unabhängig davon, ob sie aus einem zyklonal oder antizyklonal scherenden Reibungsring entstehen.

c) Erst, wenn diese Wirbel aus dem Reibungsring heraustreten, beginnt die Dissipation.

Wie kann man diesen Befund physikalisch erklären?

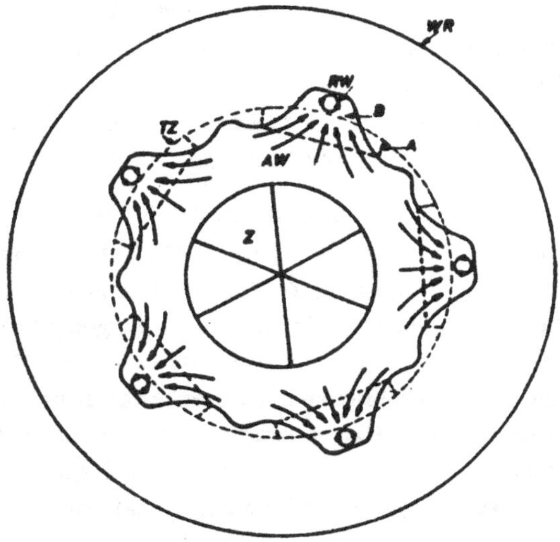

Abb. 19: Wirbelbildung durch Flächendeformation
WR = Wannenrand; Z = Zylinder; TZ = Reibungsring im ungestörten stationären Zustand; AW = Austauschbewegungen; A = "flüssige" Fläche im stationären Zustand; B = die deformierte Fläche A im gestörten Zustand; RW = sich bildender Rotationswirbel

Durch das plötzliche Stoppen des Zylinders entsteht zunächst ein zonaler Impuls. Dadurch wird das Gleichgewicht in radialer Richtung instabil. Denn es entsteht eine Zone, in welcher der radiale Gradient (die Relativscherung) $\frac{\partial v}{\partial r}$ sein Vorzeichen wechselt. Dieser "Zone" entstammen kleine Störungen, die in radialer Richtung rasch anwachsen. Betrachten wir Abb. 19! Sie zeigt in schematischer Form (es sei hier auch auf die Photoaufnahme Abb. 15 verwiesen!) die Austauschbewegungen, die isotrop mit Energiedissipation ablaufen. Sie sind durch Pfeile AW angedeutet.
Sei A (in der Abb. 19) als materielle "flüssige" Fläche angenommen, wie

sie im stationären Zustand im Reibungsring vorhanden sein soll. In dieser Fläche A herrscht entweder zyklonale oder antizyklonale Relativscherung. Wird nun diese Fläche A durch kleine Störungen plötzlich in die Fläche B (radiale "Ausbuchtung") deformiert, so kann sich die anfängliche Scherung, durch die Randbedingung des Zylinders bedingt, nur in Querscherung umwandeln, d.h. also hier in Rotationswirbel. Diese lösen sich ab, driften nach außen in den Ringraum d und beseitigen so die Instabilität, der sie ihre Entstehung verdanken. Die Vorgänge laufen sehr schnell ab, und die Energieumsetzung ist gering

Daß eine Umwandlung von "Scherungswirbeln" in "Rotationswirbel" oder anders gesagt, von "Scherungs"vorticity in "Krümmungs"vorticity möglich ist, haben P. Raethjen ([14] S.187-192) und G. Hollmann [7] gezeigt. Neben den turbulenten Austauschbewegungen gibt es also eine Umwandlung von relativer Scherungsvorticity in relative Krümmungsvorticity infolge der beschriebenen Flächendeformation. Dabei entstehen stets nur zyklonale relative Rotationswirbel (d.h. Wirbel in Richtung der Wannenrotation), ganz gleich, ob die anfängliche Relativscherung des Reibungsringes zyklonal oder antizyklonal war.

Der Unterschied dieser beiden Fälle zeigt sich aber darin: Ist die anfängliche Relativscherung des Reibungsringes antizyklonal, so ist der abgelöste zyklonale Rotationswirbel größer und rotiert relativ zu seiner Umgebung langsamer. Ist dagegen die anfängliche Relativscherung des Reibungsringes zyklonal, so rotiert der abgelöste zyklonale Wirbel schneller und ist weniger groß. Das entspricht den Unterschieden der absoluten Vorticity, was die Experimente bestätigen.

Wo solch ein Rotationswirbel entsteht und wie viele es sind, das ist durch die Austauschvorgänge statistisch verteilt; an irgendeinem Ort tritt eine solche Deformation plötzlich auf, wächst schnell auf "Kosten" ihrer Umgebung (s. Abb. 19) an, und der Wirbel ist geboren (RW in Abb. 19). Sind die Wirbel in den Ringraum d hinausgedriftet, so wird allmählich ihre Rotationsenergie dissipiert, sie dehnen sich aus und vermischen sich mit ihrer Umgebung, bis schließlich der "quasistarre" Zustand, die "Windstille", erreicht ist.

Fassen wir zusammen: Durch die plötzliche Störung des Anfangsfeldes treten isotrope Austauschbewegungen auf (s. Abb. 19) und führen zu plötzlichen Deformationen "flüssiger" Flächen an statistisch verteilten Orten im gestörten Reibungsring. Durch die Randbedingung des Zylinders wandelt sich die Relativscherung der φ-Komponente in relative Q u e r - scherung um. Dadurch entstehen zyklonale Rotationswirbel. Die Energieumsetzung ist dabei gering. Die in den Ringraum d hinausdriftenden Wirbel beseitigen die radiale Instabilität, durch die sie entstehen. Dabei können sich stets nur Relativwirbel im Sinne der Wannenrotation bilden ohne Rücksicht auf das Vorzeichen der anfänglichen Relativscherung des Reibungsringes. Diese Wirbel driften in den Ringraum d hinaus, und erst bei der allmählichen Vermischung mit der Umgebung wird ihre relative Rotation dissipiert, bis der Zustand der allgemeinen "quasistarren" Rotation erreicht ist, nämlich der Endzustand allenthalben verschwindender Relativströmung.

Schon in Kapitel IV ist die Vermutung geäußert worden, daß das "lateral mixing" (s. [18]), also die seitliche Vermischung von Luftmassen und, damit verbunden, die Vermischung austauschbarer Eigenschaften, wie Drehimpuls oder potentielle Vorticity, nur von den Zyklonen und Antizyklonen höherer Breiten "getragen" wird, da sich kräftige regionale Meridionalzirkulationen wegen der starken "dynamischen" Stabilität nicht ausbilden können. Die Ergebnisse dieses Kapitels erhärten diese Vermutung. Denn sie zeigen, daß in der Tat die Wirbel mit v e r t i k a l e r Achse in ihrer Wanderung und Ausbreitung nicht von der Corioliskraft behindert werden und somit die seitliche Durchmischung der Luftmassen auch über große Entfernungen vollziehen können.

Formelzeichen

I. Funktionen und Größen (deutsch und lateinisch)

$\mathfrak{a}$	Einheitsvektor, der die Richtung der Zentralachse der Rotation anzeigt
A_r	Austauschkoeffizient
a	Radius des Hohlzylinders
b	Breite des "Reibungsringes" (allgemein)
$b_{exper.}$	gemessene Breite des "Reibungsringes"
b_i	berechnete Breite des zyklonalen "Reibungsringes"
b_m	berechnete Breite des antizyklonalen "Reibungsringes"
d	Breite des Ringraumes
$\mathfrak{e}_r$	Einheitsvektor, der die Richtung der r-Achse im Isobarkoordinatensystem angibt
$\mathfrak{e}_\varphi$	Einheitsvektor, der die Richtung der φ -Achse im Isobarkoordinatensystem angibt
$\mathfrak{e}_z$	Einheitsvektor, der die Richtung der vertikalen Achse im Isobarkoordinatensystem angibt
H; H_1; H_2	Funktionszeichen für Häufigkeitsfunktionen
$h(\varkappa)$	Zerfallskonstante als Funktion des Parameters $\varkappa$
ℓ	Mischungsweg; hier dreifacher Mittelwert von s_r
N	Anzahl der Turbulenzelemente
N_o	Anzahl der Turbulenzelemente zur Zeit $t = 0$
r	radiale isobare Koordinate
r'	Radius eines Trägheitskreises

$\bar{r}'$	Mittelwert von r' bei festem r
s	"freie" Wegstrecke zwischen Anstoß und Vermischung eines Turbulenzelementes (hier ein Bogen eines Trägheitskreises)
s_r	r-Komponente von s
$S_{\varphi r}$	zonale turbulente Schubspannung an der Flächeneinheit senkrecht zur s_r-Achse
t	Zeitkoordinate, die auch die "Lebenszeit" eines Turbulenzelementes angibt
u	radiale Geschwindigkeitskomponente des stationären Stromfeldes
u'	radiale i s o b a r e Komponente der turbulenten Störbewegung, welche die g e s a m t e radiale Bewegung des Turbulenzelementes relativ zum rotierenden System angibt
$\mathfrak{w} = \{u, v, w\}$	Geschwindigkeitsvektor des stationären Stromfeldes
$\mathfrak{w}' = \{u', v', w'\}$	Geschwindigkeitsvektor der turbulenten Störbewegung
v	zonale Geschwindigkeitskomponente des stationären Stromfeldes
v'	zonale i s o b a r e Komponente der turbulenten Störbewegung, welche die g e s a m t e zonale Bewegung des Turbulenzelementes relativ zum rotierenden System angibt.
$\mathfrak{w}$	Drehvektor der "quasistarren" Rotation
$\Delta\mathfrak{w}$	Drehvektor der Relativdrehung des Zylinders
w	vertikale Geschwindigkeitskomponente des stationären Stromfeldes
w'	vertikale a n i s o b a r e Komponente der turbulenten Störbewegung

z	vertikale anisobare Koordinate

II. Funktionen und Größen (griechisch)

α_1, α_2	Richtungswinkel
$\beta = \dfrac{\alpha_1 + \alpha_2}{2}$	gibt die isotrope Verteilung der Anstoßrichtunger der Turbulenzelemente
$\gamma = \dfrac{\alpha_2 - \alpha_1}{2}$	Winkel"zeitmaß" für die Lebensdauer der Turbulenzelemente
$\varkappa$	Parameter der Turbulenzstärke; hier gesetzt: $\varkappa = \left\lvert \frac{\partial v}{\partial r} \right\rvert$
ϑ	Verhältnis zwischen den Breiten b_i und b_m
$\vartheta_{exper.}$	Verhältnis zwischen $b_{exper.}$ (zyklonaler Reibungsring) und b_m
$\overline{\vartheta}_{exper.}$	Mittelwert der Zahlen $\vartheta_{exper.}$
$\lambda = \dfrac{\lvert \Delta\omega \rvert}{\omega}$	dimensionsloser Parameter; als eine Art Rossby-Zahl wichtiger Vergleichsparameter
π	Kreiszahl
ρ	Dichte
σ	dimensionsloser positiver Koeffizient
$\sigma_1, \sigma_2, \sigma_0$	besondere Werte von σ
φ	zonale isobare Koordinate
ω	Winkelgeschwindigkeit der Wanne um die Zentralachse
$\Delta\omega$	relative Winkelgeschwindigkeit des Zylinders um die Zentralachse

III. Rechenzeichen

$\frac{d}{dt}$; $\frac{d}{dr}$	individuelle Differentialoperatoren
$\frac{\partial}{r\partial\varphi}$; $\frac{\partial}{\partial z}$; $\frac{\partial}{\partial r}$; $\frac{\partial}{\partial t}$	lokale Differentialoperatoren
$\int$	Integralzeichen
$=$	gleich
$\cong$	ungefähr gleich
$\neq$	ungleich
$>$	größer als
$\geq$	größer oder gleich
$<$	kleiner als
$\leq$	kleiner oder gleich
$\bar{D}$	oberer Querstrich über einer Größe, hier D, bedeutet einen Mittelwert dieser Größe
$\lvert D \rvert$	zeigt den absoluten Betrag einer Größe, hier D, an
$\langle \; \rangle$	kennzeichnet ein Wertepaar ω; $\Delta\omega$ als "Kombination"
[ ]	verweist auf das Literaturverzeichnis oder schließt eine Dimensionsbezeichnung ein
∞	Unendlich

Literaturverzeichnis

[1] AHLBORN, F., Jahrbuch d. Schiffsbautechn. Gesellschaft lo, 19o9, S. 37o

[2] BATCHELOR, G. K., The theory of homogeneous turbulence. Cambridge University Press 1953

[3] BRETHERTON, F. P., G. F. CARRIER, M. S. LONGUET-HIGGINS, Report on the I. U. T. A. M. Symposium on rotating fluid systems.
Journ. Fluid Mech. Vol. 26, part 2, pp. 393-41o, 1966

[4] DEFANT, A. und Fr., Physikalische Dynamik der Atmosphäre. Akadem. Verlagsges. mbH., Frankfurt/Main, 1958

[5] FULTZ, D., A preliminary report on experiments with thermally produced lateral mixing in a rotating hemispherical shell of liquid.
Journ. Met. 6, No. 1, 1947, pp. 17-33

[6] FULTZ, D. (principal investigator), Structures of thermal convection in a rotating cylinder with some implications for large-scale atmospheric motions.
Final Report, Part I, Division B; Contract AF 19 (122)-16o
Hydrodynamics Laboratory, Dpt. of Meteorology, University of Chicago, April 1956

[7] HOLLMANN, G., Die Krümmungs- und Scherungsvorticitygleichung; die Richtungs- und Geschwindigkeitsdivergenzgleichung.
Beitr. Phys. d. fr. Atm. 1958, 3o, 2/3

[8] JOOS, G., Lehrbuch für Theoretische Physik, 8. Auflage 1954 Akadem. Verlagsges. Geest u. Portig K. G., Leipzig

[9] LIGHTHILL, M.-J., Dynamics of rotating fluids: A survey.
Journ. Fluid Mech. Vol. 26, part 2, pp. 411-431, 1966

[1o] LIN, C. C., Theory of hydrodynamic stability.
Cambridge University Press, 2. Auflage 1966

[11] PRANDTL, L., Führer durch die Strömungslehre.
6. neu bearb. Auflage 1965 (speziell: Kapitel 4)
Verlag Vieweg u. Sohn, Braunschweig

[12] PRANDTL, L., Über die ausgebildete Turbulenz,
Ztr. f. angew. Math. u. Mech. (ZAMM), 5, 1925, und Verhandl. d. II. Intern. Kongr. f. angew. Mechanik, Zürich, 1926

[13] PRANDTL, L., Einfluß stabilisierender Kräfte auf die Turbulenz.
Vorträge aus dem Gebiet der Aerodynamik und verwandter Gebiete, Aachen 1929, Verlag Springer, Berlin 193o

[14] RAETHJEN, P., Dynamik der Zyklonen.
Bd. XXVII: Probleme der kosmischen Physik.
1953 (speziell pp. 26o-275), Akadem. Verlagsges. Geest u. Portig K. G., Leipzig

[15] RAETHJEN, P., Ähnlichkeitsbedingungen für geohydrodynamische Modellexperimente in rotierender Schale.
Arch. f. Meteor. Geophys. u. Bioklim. S. A., B. 1o, H. 2/3, 1958

[16] RAETHJEN, P. und O. HÖFLICH, Zur Dynamik des jet stream.
Hamburger Geophysikalische Einzelschriften Heft 4, 1961,
Herausgeber: Die Geophysikalischen Institute der Universität Hamburg

[17] REYNOLDS, O., Papers on Mechanical and Physical Subjects II,
p. 51, Phil. Trans. Roy. Soc. London 1883

[18] ROSSBY, C. G., On the distribution of the angular velocity in gaseous envelopes under the influence of large-scale horizontal mixing processes.
Bull, Amer. Met. Soc. 28, No. 2, pp. 55-68

[19] ROSSBY, C. G., On the solution of problems of atmospheric motion by means of model experiments.
Month. Weather Rev. (6), 54, 1926, pp. 237-24o

[2o] SCHLICHTING, H., Grenzschichttheorie
5. Auflage 1965, Verlag G. Braun, Karlsruhe

[21] SCHULTZ-GRUNOW, F., H. HEIN, Beitrag zur Couetteströmung. Ztr. f. Flugwiss. 4, 1956, pp. 28-3o

[22] TAYLOR, G. I., Diffusion by continous movement. Proc. London Math. Soc. (2), 2o, 1922, pp. 196-212

[23] TAYLOR, G. I., Stability of a viscous liquid contained between two rotating cylinders. Transact. Roy. Soc. 223 A, 1923, S. 289

[24] TAYLOR, G. I., The transport of vorticity and heat through fluids in turbulent motion. Proc. Roy. Soc. S. A. 135, 1932, pp. 685-7o2

[25] TOWNSEND, A. A., The structure of turbulent shear flow. Cambridge University Press 1956

Modellexperimente über Zyklogenesis im Entropiefeld vom jet stream-Typ

von K. Knolle

Zusammenfassung: In der rotierenden Wasserwanne werden alle Möglichkeiten untersucht, durch Horizontalkonvergenz zyklonale Wirbel zu erzeugen. Dabei zeigt sich eine starke Abhängigkeit vom Neigungsunterschied der Wasserober- und Grundfläche. Ist das Rotationsparaboloid der Wasseroberfläche verschieden von dem des Wannenbodens, so fächern die Randflächen (Wasseroberfläche und Wannenboden) auseinander. Experimente mit Konvergenz über einer "Senke" im Wannenboden zeigen, daß die zyklonalen Wirbel umso schneller aus der "Senke" auswandern, je stärker die Randflächen auseinanderfächern. Kräftige Modellzyklonen erhält man einerseits mit parallelen Randflächen, wenn das Wasser mit der Wanne (ohne "Relativdrift") rotiert. Andererseits ergeben sich auch kräftige Modellzyklonen mit gegeneinandergeneigten Randflächen, wenn eine dieser Neigung zugeordnete "Relativdrift" vorhanden ist. Die Deutung dieser Ergebnisse gelingt mit Hilfe der Theorie der "Einschubwelle" von P. Raethjen und ermöglicht den Vergleich mit atmosphärischer Zyklogenesis.

Summary: In a rotating water bowl all possibilities are investigated to produce cyclonic vortices by horizontal convergence. The vortices show a direct dependence upon the difference between the incline of the water surface and the surface of the bottom. Experiments with convergence over a sink in the bottom of the bowl show that the more there is an incline between the two boundary surfaces the faster the vortex leaves the sink. On the one hand strong vortices are got with parallel boundary surfaces if there is no movement of the water relativ to the bottom; on the other hand with not parallel surfaces if there is a certain movement of the water relativ to the bottom. An interpretation of the experiments is possible by the theory of P. Raethjen's "Einschubwelle" and gives a comparison to atmospheric cyclogenesis.

I. Problem und Apparatur

1. Das atmosphärische Problem

In der ersten Abhandlung dieses Heftes hat P. Raethjen u.a. darauf hingewiesen, daß kräftige Zyklogenesis in höheren Breiten normalerweise mit einem Luftmassenübergang aus der Stratosphäre in die Troposphäre verbunden ist. In anderen Publikationen [12], [13] ging er von der Meinung aus, daß dieser Luftübergang als "Einschub" zwischen den stationären (mittleren) Isentropenflächen stattfindet, im planetarischen Normalfall als äquatorwärts gerichteter "Einschub" einer stratosphärischen Luftmasse zwischen den im Meridionalschnitt auseinanderfächernden Isentropenflächen wie in Abb. 1 dargestellt. Diese Voraussetzung bewährte sich u.a. zur dynamischen Erklärung der sogenannten "blocking action-" bzw. "Delta-"Felder [13], deren zyklogenetische Bedeutung R. Scherhag [21] seit langem bewiesen hat.

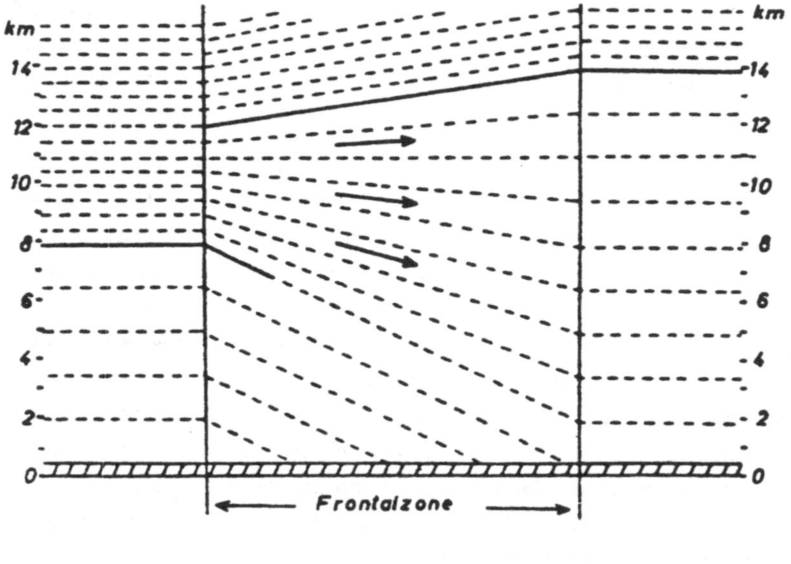

Abb. 1: Vertikalschnitt durch einen jet stream bzw. eine Frontalzone, schematisch. Schraffiert: Erdboden. Gestrichelt: Isentropen. Ausgezogen: Tropopause. Ordinate: Höhe über dem Meeresspiegel, etwa 100fach überhöht gegenüber der Horizontalkoordinate.

Vor allem enthalten die "Trogstörungen" des jet stream den zyklogenetischen "Einschub", der in Abb. 1 (mit drei Pfeilen) schematisch dargestellt ist: Abb. 2 zeigt als Beispiel einen nordamerikanischen jet stream-Trog im 3oo mb-Niveau (1o. 12. 1952, 15^{00}) [14]. Die gestrichelten Linien sind Isohypsen der 3oo mb-Fläche, von 2o zu 2o Fuß Höhe gezeichnet. Fett ausgezogen sind die Windisotachen von 2o zu 2o Knoten. Schraffiert die Gebiete mit mehr als 9o Knoten im 3oo mb-Niveau. Dünn ausgezogen die "Troglinie". Westlich davon "Rückseite", östlich "Vorderseite". Strichpunktiert ist eine Massentrajektorie, die aber selbstverständlich nicht ganz im 3oo mb-Niveau liegt, sondern auf der Rückseite herab-, auf der Vorderseite aufsteigt. Nach P. Raethjen haben diese Trogfelder [14] folgende Eigenschaften:

An den gestrichelten Isohypsen erkennt man den Weg der Starkwind-Luftmasse: Sie kommt mit 9o Knoten von der Rückseite, nähert sich der Troglinie und vermindert dabei ihre Geschwindigkeit von 9o auf 5o Knoten. Auf der Vorderseite wird sie wiederum auf 9o Knoten beschleunigt. Diese rückseitige Verzögerung und vorderseitige Beschleunigung sind typisch für die meisten Höhentrogfelder.

Zahlreiche aerologische Untersuchungen beweisen, daß die Rückseitenmassen adiabatisch und isentrop herabgleiten, die Vorderseitenmassen aufgleiten. Daher können sie auf der Rückseite nur dadurch verzögert werden, daß sie gegen einen horizontalen Druckgradient anlaufen. Auf der Vorderseite werden sie dadurch beschleunigt, daß sie mit dem horizontalen Druckgefälle laufen. Beides sieht man in der strichpunktierten Trajektorie der Abb. 2. Diese Eigenschaft der Trogfelder ist dynamisch bedeutsam.

Kinematisch wichtig ist, daß die Starkwindmassen (infolge ihrer Verzögerung) auf der Rückseite horizontale Konvergenz, also auch vertikale Dehnung erleiden, auf der Vorderseite (infolge ihrer Beschleunigung) horizontale Divergenz und vertikale Schrumpfung. In dem fast stationären Isentropenfeld bedeutet das einen "Einschub" zwischen divergierenden "Isentropen", wie er in Abb. 1 mit drei Pfeilen gekennzeichnet ist, bzw. den entgegengesetzten "Einschub". Diese Einschubbewegung nach Abb. 1 überlagert sich also in den Trogfeldern dem Gradientwind.

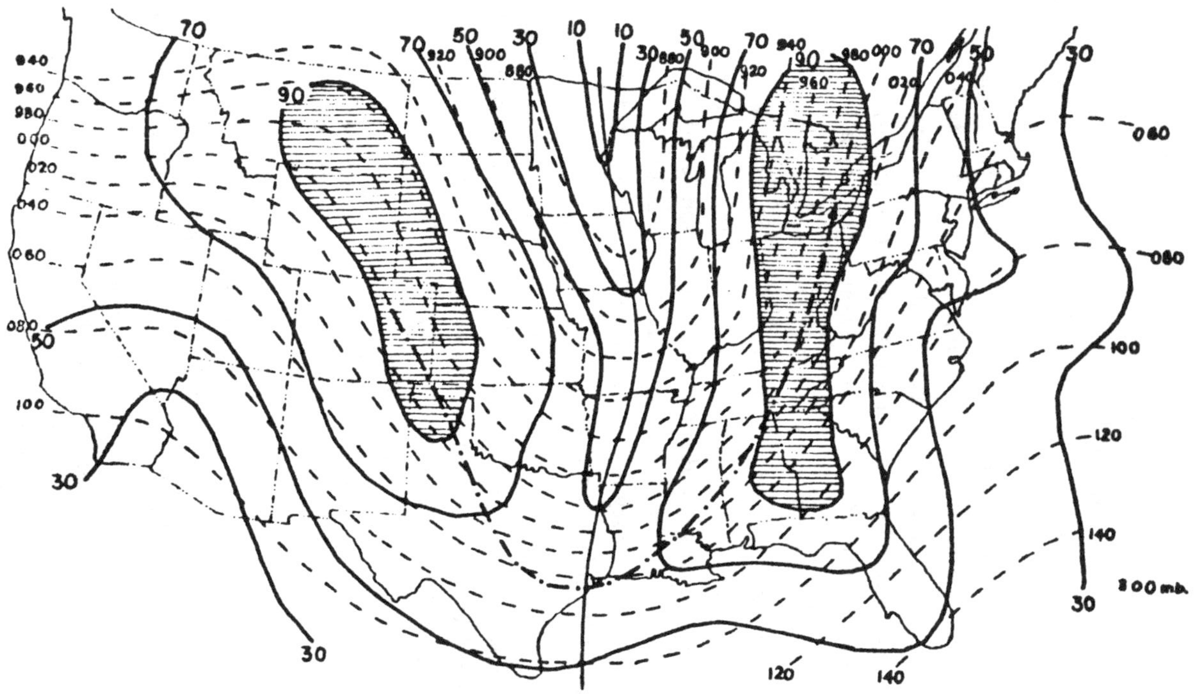

Abb. 2: Nordamerikanischer Jet stream-Trog am 10. 12. 1952 15^{h} M. G. Z. im 300 mb-Niveau. Gestrichelte Isobar-Isohypsen (Fuß). Fett ausgezogen Isotachen (Knoten). Schraffierte Gebiete mit mehr als 90 Knoten. Dünn ausgezogen Troglinie. Strichpunktiert Trajektorie.

Die gestrichelten Isohypsen der Abb. 2 dürfen in grober Näherung als Stromlinien gelten. Sie zeigen, daß die Starkwindmassen auf der Rückseite aus einer antizyklonalen Bahnkrümmung in eine zyklonale übergehen. Dies ist (nach der Vorticitygleichung (1) Seite lo7) der zyklogenetische Effekt ihrer horizontalen Schrumpfung. Auf der Vorderseite gehen diese Massen aus einer zyklonalen Bahnkrümmung in eine antizyklonale über. Dies ist der antizyklogenetische Effekt ihrer horizontalen Dehnung.

Die nachfolgende Arbeit bemüht sich, derartige "Einschub"-Effekte im Wassermodell zu studieren.

2. Das Modellproblem

Für die Modellexperimente war es zunächst wichtig, alle in unserer Wasserwanne vorhandenen Möglichkeiten zur Zyklogenesis zu studieren. Dies war das ursprüngliche Modellproblem, welches aber im Laufe der Experimente von selbst zum "Einschubproblem" hinführte. Diese Versuche wurden also nicht "ad hoc" zur dynamischen Untersuchung des Einschubproblems durchgeführt, sondern ihre ursprüngliche Aufgabe war das umfassende Studium aller in unserer Wanne auftretenden Zyklogenesiserscheinungen. Dennoch zeigten sich Einschubvorgänge als notwendige Bedingung derjenigen Zyklogenesis, welche in höheren Breiten den atmosphärischen Voraussetzungen entspricht.

Unsere Versuchsapparatur ist so eingerichtet, daß man mit Pumpen horizontale Di- oder Konvergenz erzeugt. Denn die Vorticitygleichung beweist, daß kräftige zyklonale Wirbel in der rotierenden Wanne nur durch kräftige Konvergenz entstehen können. Die Einrichtungen der Apparatur, welche dies ermöglichen, werden nachstehend beschrieben. Zunächst war die Aufgabe gestellt zu untersuchen, bei welcher Anordnung der im Wannenboden angebrachten "Saug"- und "Drucksiebe" (nachstehend genauer beschrieben), bei welcher Wannenrotation und welcher "Relativdrift" des Wassers (relativ zur Wanne) eine kräftige Zyklogenesis auftritt. Diese umfassende Fragestellung ergab sich, nachdem P. Raethjen [17] bereits über den zyklogenetischen Effekt einer bestimmten Anordnung berichtet hatte.

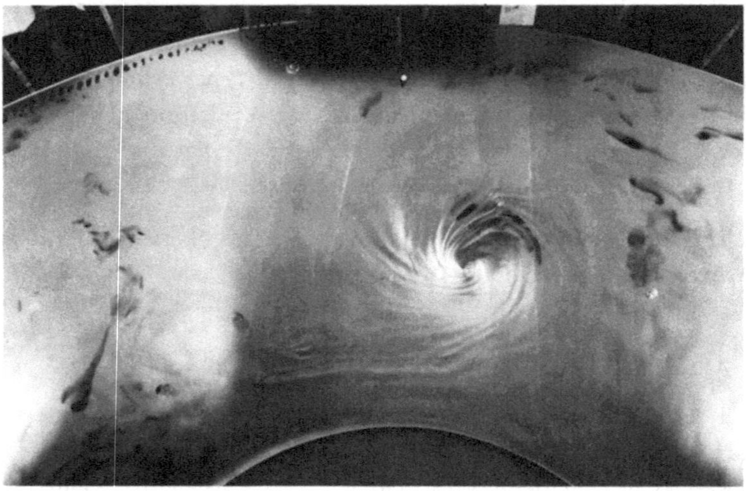

Abb. 3: Anfangsstadium einer kräftigen Zyklogenesis in der Wanne. Siehe dazu das Stereobild K. Knolle Abb. 3 (Rot-Grün-Anaglyphe) am Schluß des Heftes. (Rot-Grün-Brille in der Umschlagtasche)

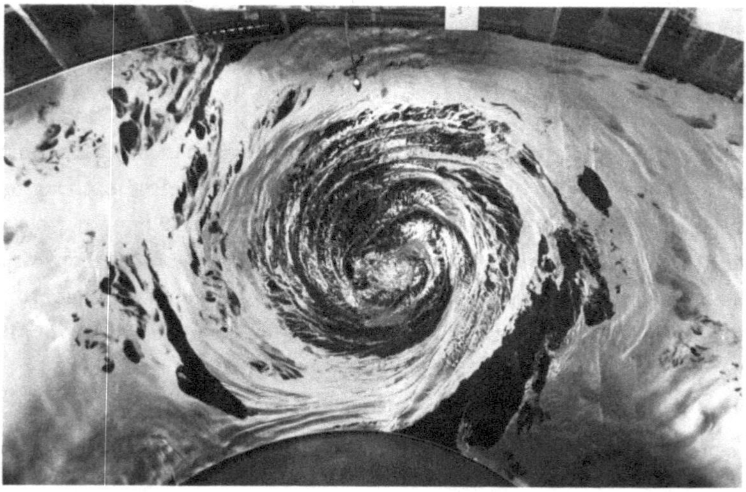

Abb. 4: Endstadium einer kräftigen Zyklogenesis in der Wanne. Siehe dazu das Stereobild K. Knolle Abb. 4 (Rot-Grün-Anaglyphe) am Schluß des Heftes. (Rot-Grün-Brille in der Umschlagtasche)

Abb. 3 zeigt ein Bild des Anfangsstadiums einer solchen Zyklogenesis, welches etwa 15 Sekunden nach dem Einschalten der Pumpe auf der Wasseroberfläche erscheint, Abb. 4 das Endstadium nach etwa 8o Sekunden Pumpdauer. Um die Tiefe dieser Wirbeltrichter deutlich zu zeigen, findet man beide Abbildungen als Stereobilder am Schluß des Heftes (Rot-Grün-Brille in der Umschlagtasche). Diese "Rot-Grün-Anaglyphen" verdanken wir der Mitarbeit des Instituts für Photogrammetrie der Technischen Universität Berlin, insbesondere den Herren Prof. Dr. R. Burkhardt, Dr.-Ing. G. Weimann und Dipl.-Ing. H. G. Strauß. Weiter unten kommen wir auf die Bedingungen dieser Wirbelentstehung zurück.

3. Die Versuchsapparatur

In dem vorstehenden Beitrag von M. Dunst [5] ist die Versuchsapparatur in ihrer Gesamtheit beschrieben. Im folgenden werden daher nur die Teile der Apparatur ausführlich besprochen, die für unsere Experimente von Bedeutung sind.

Ein Modell soll die Atmosphäre nicht genau darstellen. Täte es dies, so brächte es keinen Erkenntnisvorteil [17]. Das Modell muß daher gezielte Vereinfachungen enthalten. In unserem Fall soll es Untersuchungen über dynamische Probleme der Atmosphäre ermöglichen. Unser Wassermodell der Atmosphäre befindet sich in der Wanne BW, die vorstehend von M. Dunst [5] beschrieben wurde und in den beistehenden Abbildungen 5a und 5b schematisch dargestellt ist. Wasserströmungen simulieren in dieser rotierenden Wanne die unter dem Einfluß horizontaler Divergenzen und Konvergenzen entstehenden atmosphärischen Winde. Es handelt sich also um ein "barotropes" Modell ohne Temperatur- und Dichtefelder. Die Luft ist durch Wasser ersetzt. Die Rotation der Wanne erzeugt Corioliskräfte und Zentrifugalkräfte.

Der Wannenboden hat die Form eines Rotationsparaboloides, welches als Gleichgewichtsfigur mit der Winkelgeschwindigkeit $\omega_0 = 1,59\ sec^{-1}$ berechnet ist. So erhält man bei einer "quasistarren" Rotation des Wassers mit der Winkelgeschwindigkeit $\omega_0 = 1,59\ sec^{-1}$ überall gleiche Höhe der flüssigen "Wannenatmosphäre". Diese Winkelgeschwindigkeit ω_0

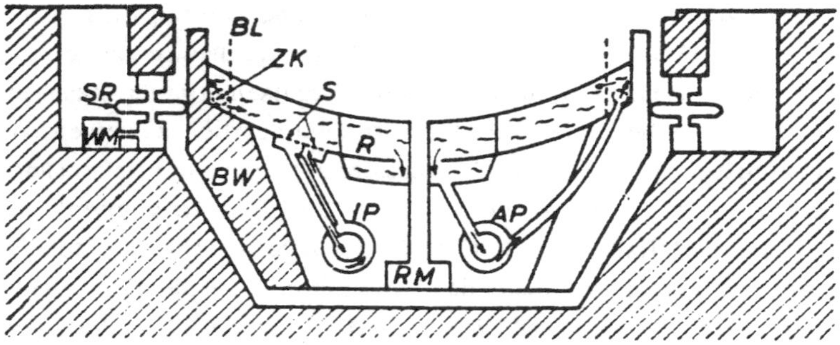

Abb. 5 a: Aufriß der Apparatur: BW Betonwanne, IP "Innenpumpe", AP "Außenpumpe", R "Rührflügel" mit "Hohlzylinder", RM Motor des "Rührflügels", S "Saug"- und "Drucksieb", ZK Zuflußkästen für die "Außenpumpe", BL durchlöcherte Blechwand, WM Antriebsmotor der Wanne, SR Stütz- und Antriebsrad für die Wanne.

nennen wir die "Gleichgewichtsrotation" der Wanne.

Die thermodynamischen Kreisprozesse der Atmosphäre, dort Ursache aller Strömungen, werden im Modell durch die mechanische Arbeit von Pumpen ersetzt. Die Leistungen der Pumpen sowie die Rotation der Wanne können im Vergleich zur Atmosphäre in weiten Grenzen variiert und so verstärkt werden, daß Reibungskräfte und Turbulenzen daneben keine Rolle spielen. Es handelt sich also um ein vereinfachtes geohydrodynamisches, reibungsloses, barotropes Modell der Atmosphäre. Da unser Modell barotrop ist, kann es nur jeweils einen Ausschnitt der Atmosphäre repräsentieren. Für die Untersuchungen in dieser Arbeit stellen daher Wannenboden und Wasseroberfläche zwei Isentropenflächen der oberen Troposphäre dar. Dies wird weiter unten genauer erörtert (Abb. lo, S. 118).

Das Zentrum der Wanne ist ungefähr mit dem Pol der Atmosphäre gleichzusetzen, der Rand etwa mit dem 4o. Breitengrad. Im zentralen Teil der Wasserwanne befindet sich ein mit dieser konzentrischer "Rührflügel" R von 1,6o m Durchmesser mit zwölf radial angeordneten Rührflächen. Er ist mit einem "Hohlzylinder" aus Aluminiumblech umgeben (Abb. 5 a, b). Doch kann dieser abmontiert werden, wenn die Experimente eine starke Wirbelung im Wannenzentrum verlangen. Dieser "Rührflügel", gegebenen-

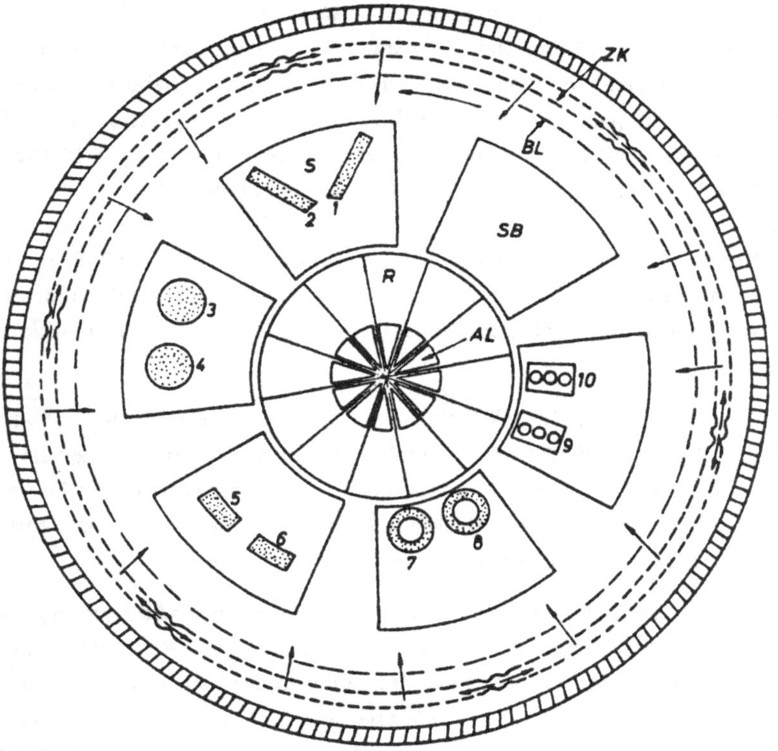

Abb. 5 b: Grundriß der Apparatur: S_1 bis S_{10} "Saug"- und "Drucksiebe" im Wannenboden, R "Rührflügel" mit "Hohlzylinder", SB Sektorenblech, BL durchlöcherte Blechwand, ZK Zuflußkästen für die "Außenpumpe", AL Abflußlöcher für die "Außenpumpe".

falls mit "Hohlzylinder", wird von einem Gleichstrommotor angetrieben, so daß er relativ zur Wanne um deren Zentrum rotiert, entweder in derselben Richtung wie die Wanne oder entgegengesetzt (vgl. vorstehend M. Dunst [5]). Der "Rührflügel" bzw. "Hohlzylinder" ist ein Hindernis gegenüber meridionalen, über den Pol hinausgehenden Zirkulationen. Der Ringraum zwischen "Rührflügel" und Außenrand entspricht der atmosphärischen Westwindzone zwischen etwa 4o und 7o Grad Breite.

Horizontale Konvergenzen und Divergenzen werden im Modell durch Pumpen erzeugt. Hierzu dient in erster Linie die auf dem Unterbau der Wanne mitrotierende "Innenpumpe" IP (Abb. 5 a). Die Siebe S 1 bis lo (Abb. 5 b), die paarweise in fünf Sektorenbleche SB eingelassen sind, können beliebig an die Druck- und Saugleistung der "Innenpumpe" IP angeschlossen werden. Die "Druck"- bzw. "Saugsiebe" bezeichnen wir im weiteren Text als "Quelle" und "Senke". Die Siebe haben eine Durchlaßfläche von etwa 45 bis 12o cm^2: Bei voller Pumpleistung (Eichung der Pumpen in Kap. I 4) von lo Liter/sec tritt das Wasser etwa mit einer Geschwindigkeit von 8o bis 22o cm/sec durch die Öffnungen der Siebfläche hindurch.

Die "Saug"- und "Drucksiebe" sind auf "Breitenkreisen" angeordnet. Liegen "Saug"- und "Drucksieb" dicht beieinander, so entsprechen sie der Kalt- und Warmfront einer Frontalzyklone. Die Anordnung auf dem Breitenkreis ermöglicht es, die Wirkung einer "zonalen" Drift, die dem Wirbel überlagert wird, im Wassermodell zu studieren.

Eine zweite auf dem Unterbau der Wanne mitrotierende Zentrifugalpumpe, die "Außenpumpe" AP (Abb. 5 a) erzeugt den "Westwind" mittlerer Breiten im Modell. Sie saugt im Zentrum der Wanne durch mehrere Abflußlöcher AL (Abb. 5 b) das Wasser aus der Wanne heraus und pumpt es durch die Blechwand BL, die mit vielen kleinen, gleichmäßig verteilten Löchern versehen ist, am Rand wieder zu. Zwischen der Blechwand BL und dem Außenrand der Wanne befinden sich mehrere Siebkästen ZK, die ebenfalls dazu dienen, das Wasser am Rand der Wanne gleichverteilt zuzuführen. Durch jedes der etwa 6.ooo Sieblöcher (bei 45 cm Wassertiefe) fließt bei einer Pumpleistung von lo Liter/sec (Eichung der Pumpe in Kap. I 4) die gleiche Wassermenge mit einer Geschwindigkeit von etwa lo cm/sec.

Auch bei der Betätigung der "Außenpumpe" könnte man von einer "Quelle" am Rand und einer "Senke" in der Mitte der Wanne sprechen. Wir wollen aber im folgenden die Worte "Quelle" und "Senke" nur auf die "Druck"- und "Saugsiebe" anwenden, die an die "Innenpumpe" angeschlossen sind. Die Wassermenge in der Wanne wird durch die Tätigkeit der Pumpen nicht verändert.

4. Zyklonale Wirbel im Modell

Welche zyklonalen Wirbel werden durch Konvergenz über der Senke erzeugt? Bei diesen Wirbeln handelt es sich um "echte" Wirbel mit dem "Wirbelkern" in der Mitte und dem "Zirkulationsgebiet" außen herum. In grober Näherung gilt für das Geschwindigkeitsfeld in Kern $v = c_1 r$, für das Zirkulationsgebiet außen $v = c_2/r$, wobei c_1 und c_2 Konstante und r den Wirbelradius bedeuten. Bekanntlich haben die atmosphärischen Tiefdruckgebiete mittlerer Breiten grob-annähernd einen solchen Aufbau.

Die Vorticitygleichung für eine barotrope Atmosphäre lautet:

$$\text{(1)} \qquad \frac{d(\lambda+f)}{dt} = -(\lambda+f)\,\frac{1}{F}\,\frac{dF}{dt}\ .$$

Dabei bedeutet das "gerade" Symbol d ein "individuelles" Differential, λ die "relative" Vorticity (negativ für antizyklonale Wirbel), $f = 2\omega \sin\varphi$ den "Coriolisparameter", F eine horizontale "flüssige" Fläche. Ein negativer Wert dF/dt bedeutet also eine Schrumpfung der "flüssigen" Fläche F, d.h. horizontale Konvergenz. Diese ist nach Gl.(1) mit einer Zunahme der "absoluten" Vorticity verbunden, sofern die letztere von Null verschieden ist, was in der rotierenden Wanne immer zutrifft. Mit horizontaler Konvergenz entsteht also ein zyklonaler Relativwirbel mit zyklonaler relativer Vorticity. Da durch die "quasistarre" Rotation des Wassers eine große Vorticity schon vor Beginn der Konvergenz vorhanden ist, erzeugt eine relativ kleine Flächenschrumpfung einen kräftigen Relativwirbel.

Anmerkung: In der Atmosphäre bzw. in unserer Modellwanne haben die auf diese Art entstandenen Zyklonen eine "relative" Vorticity, deren Größenordnung ungefähr mit der "absoluten" Vorticity der Erd- bzw. Wannenrotation übereinstimmt. Dagegen entstehen über dem Auslauf einer Badewanne steile Wirbel, deren relative Vorticity mehrere Zehnerpotenzen größer ist als die absolute Vorticity der Badewanne. In unserer rotierenden Wanne sind also breite, nicht allzu tiefe Wirbel ein ähnliches Modell der atmosphärischen Zyklonen.

Unser Modell dient dazu, die Zyklogenesis unter den verschiedenen Versuchsbedingungen, welche die Apparatur zuläßt, zu untersuchen.

Aus der Vorticitygleichung folgt auch, daß die Ergebnisse unabhängig von der Drehrichtung der Wanne sind. Diese Drehrichtung nennen wir "zyklonal" ebenso, wie sich dies für die Erde eingebürgert hat. Unsere Versuche bestätigen diesen Sachverhalt.

5. Versuchsbedingungen

Die Entstehung der Wirbel ist im wesentlichen von drei Versuchsbedingungen abhängig:

a) von der Pumpleistung, die in weiten Grenzen variabel ist,
b) von der Wassertiefe,
c) von der Umlaufgeschwindigkeit der Wanne.

Diese Abhängigkeit ergibt sich aus Gl. (1), die man auch in der Form

$$\frac{d(\lambda+f)}{dt} = (\lambda+f)\,\frac{1}{h}\,\frac{dh}{dt} \tag{2}$$

schreiben kann, wobei h die Tiefe der Wasserschicht bedeutet. Die Vorticity ändert sich mit der Größe $\frac{1}{h}\frac{dh}{dt}$, die von der Pumpleistung und der Wassertiefe in der Wanne abhängt.

Eine weitere Versuchsbedingung ist der Abstand der Siebe, der in bestimmten Größen geändert werden kann. Auch die Form der Siebe kann unterschiedlich gestaltet werden.

P. Raethjen [17] hat darauf hingewiesen, daß schon eine geringe "Relativdrift" des Wassers (relativ zur Wanne) die Zyklogenesis erheblich beeinflußt. Eine derartige "zonale" Drift des Wassers relativ zur Wanne bzw. zu den Sieben und somit zu den Wirbeln kann durch drei verschiedene Methoden erzeugt werden:

Erstens: Sie entsteht dadurch, daß die Wanne gebremst oder beschleunigt wird ("Nachlauf"), so daß für eine bestimmte Zeit das Wasser (Index 2) verschieden von der Wanne (Index 1) rotiert ($\omega_2 \neq \omega_1$). Dies ist eine "quasistarre" Relativdrift des Wassers relativ zur Wanne.

Zweitens: Die "Außenpumpe", die am Rande Wasser zuführt und in der Mitte absaugt, transportiert in der rotierenden Wanne ständig Drehimpulse von außen nach innen, so daß das Wasser innerhalb der Wanne schneller als diese rotiert. Dabei entsteht eine "zonale" Relativdrift (mit antizyklonaler Scherung). Diese Drift kann durch starke Leistungen der "Außenpumpe" beliebig kräftig gemacht werden.

Drittens: Eine Relativdrift entsteht durch die Rotation des "Hohlzylinders" bzw. "Rührflügels". Diese bleibt allerdings, wie vorstehend M. Dunst [5] gezeigt hat, auf einen inneren Teil um den Zylinder herum beschränkt.

Eine besondere Abhängigkeit des Wirbels von der Wannenrotation ist dadurch begründet, daß das Wasser (Index 2) nur bei der "Gleichgewichtsrotation" $\omega_2 = \omega_o = 1,59 \text{ sec}^{-1}$ überall in der Wanne gleich hoch steht. Ist die "quasistarre" Rotation ω_2 des Wassers größer als ω_o, so ist die (in Abb. 6 gestrichelte) Wasseroberfläche steiler geneigt als der Wannenboden. Ist aber $\omega_2 < \omega_o$, so liegt die (gestrichelte) Wasseroberfläche flacher als der Wannenboden. Dies bedeutet für Wassermassen, die meridional verschoben werden, eine Änderung ihrer Vorticity nach Gl. (2) und entspricht also den in den Abbildungen 1 und lo dargestellten Bedingungen für den atmosphärischen "Einschub".

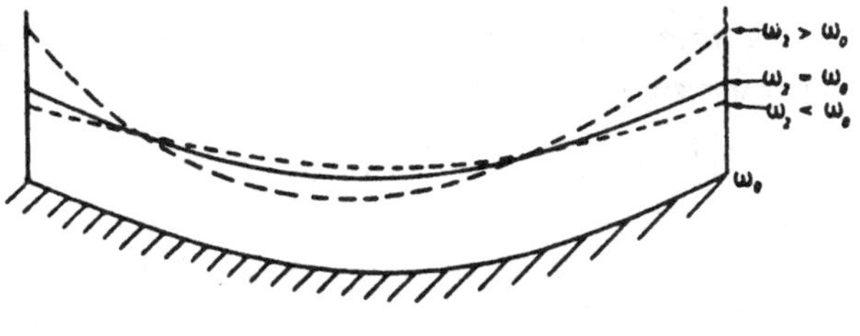

Abb. 6: Rotationsparaboloide des Wannenbodens (ω_o) und der Wasseroberfläche (ω_2) bei "quasistarrer" Rotation (Vertikalschnitt).

Die besondere Bedeutung der vorstehend beschriebenen Versuchsbedingungen besteht darin, daß jeder von diesen Effekten beliebig übersteigert werden kann, so daß ihm gegenüber andere, insbesondere turbulente Störeffekte zurücktreten.

6. Instrumententafel und Eichungen

Die Instrumententafel dient dazu, auf den photographischen Aufnahmen das "Protokoll" des Versuchs festzuhalten. In Abb. 12 (S.) ist diese Tafel am oberen Bildrand zu sehen. Die Uhr links liefert die Zeitkoordinate. Die drei Voltmeter in der Mitte zeigen von links nach rechts die Spannungen an den Gleichstrommotoren der "Außen"- und "Innenpumpe" und am Gleichstrommotor des "Rührflügels" an. Der Zeiger ganz rechts markiert über der vertikalen Skala die Winkelgeschwindigkeit der Beobachtungsbühne. Weitere technische Daten des Versuchs werden auf den beiden Schienen, die in der Mitte unter den drei Voltmetern angebracht sind, mit einsteckbaren Buchstaben vermerkt.

Es waren die Umlaufgeschwindigkeiten der Wanne und des "Rührflügels" sowie die Pumpleistung der "Innen"- und "Außenpumpe" zu eichen. Eine Eichung der Wannengeschwindigkeit ω_1, d. h. ihrer Abhängigkeit vom Anlaßwiderstand des Antriebsmotors, konnte aber nur sehr grob erreicht werden einerseits, weil der Antrieb mit Drehstrom (nicht Gleichstrom) geschah, andererseits, weil er durch die Erwärmung des Antriebsmotors nur sehr langsam einem asymptotischen Endwert zustrebte. Deshalb wurde die exakte Winkelgeschwindigkeit ω_1 der Wanne mit der Stoppuhr ermittelt. Die Anzeige des Fliehkraftpendels ist ebenfalls nur ungenau und dient daher nur zur groben Kontrolle.

Die Winkelgeschwindigkeit des "Rührflügels" bzw. "Hohlzylinders" ist linear abhängig von der Gleichstromspannung seines Motors. Diesen Zusammenhang zeigt die Eichkurve in Abb. 7 a. Es handelt sich hier um die Relativwinkelgeschwindigkeit des "Rührflügels" gegenüber der Wanne. Nur diese ist für uns wichtig.

Die Eichung der Pumpen wurde, soweit dies möglich war, unter den Bedingungen durchgeführt, unter denen auch die Versuche vorgenommen wurden. Die Eichkurven in Abb. 7b und 7c zeigen die Abhängigkeit der Wasserförderung von der Spannung an den Gleichstrommotoren. Die Eichung der Innenpumpe wurde nur mit dem Sieb 1 (Abb. 7b) durchgeführt. Obwohl die Durchlässigkeit der anderen Siebe z. T. erheblich von derjenigen des Siebes 1 abweicht, darf man auch für sie die Eichkurve Abb. 7b gebrauchen, weil der Durchlaßquerschnitt der Siebe groß ist gegenüber

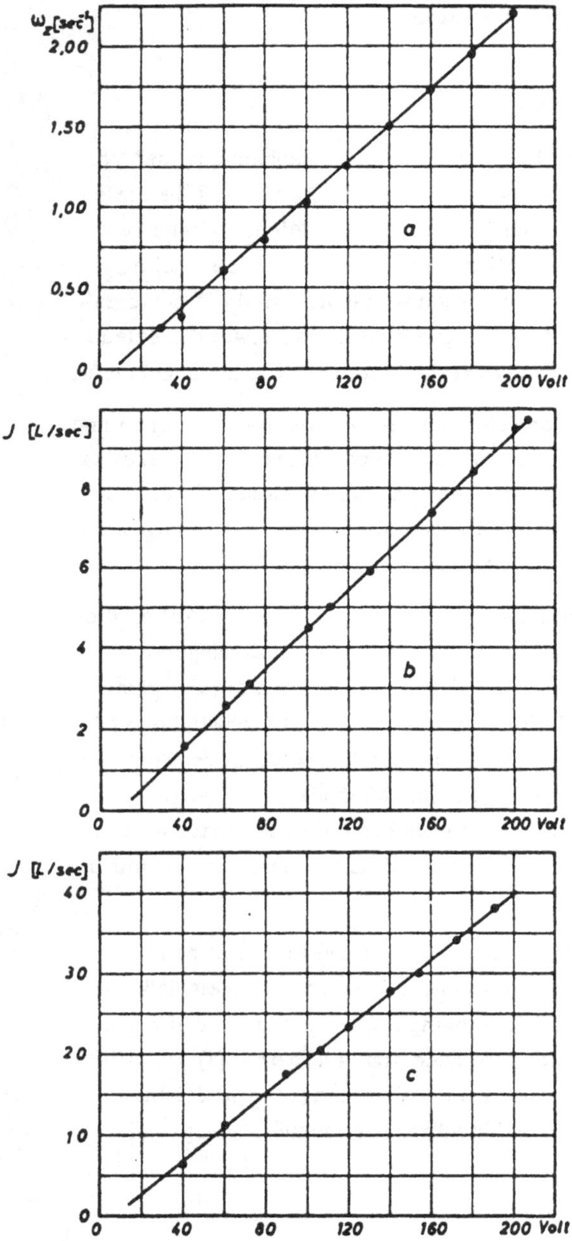

Abb. 7: Eichkurven für den "Rührflügel" (a), die "Innenpumpe (b) und "Außenpumpe" (c). Abszisse Spannung (Volt) am Gleichstrommotor. Ordinate ω_z Winkelgeschwindigkeit des "Rührflügels" relativ zur Wanne. Ordinate J Pumpleistung in Liter/sec.

demjenigen der Zuleitungsrohre, so daß die Sieböffnungen keinen merklichen Einfluß auf die Pumpförderung haben.

7. Beobachtungsmethoden

Die Rotationsbühne erlaubt die direkte, visuelle Beobachtung der Vorgänge in der Wanne, wie es bereits vorstehend M. Dunst [5] beschrieben hat. Die Bühne rotiert über der Wanne mit der gleichen Winkelgeschwindigkeit wie diese. In ihrer Mitte befinden sich zwei Beobachtungssitze für die Experimentatoren. An der Rotationsbühne sind die photographischen Geräte, zwei Stereokammern und eine Leica, sowie die Beleuchtungskörper, vier Blitzlampen und vierzehn Nitraphotlampen, angebracht.

Die Bestreuung der Wasseroberfläche mit schwimmenden Plättchen und geeignete "Schwimmkörper" (vgl. die vorstehende Arbeit von M. Dunst [5]) erleichtern die visuellen Beobachtungen. Diese reichen für die qualitative Beurteilung der Strömungen und der Oberflächenverformung bei jeder angewandten Versuchsanordnung aus.

Für eine quantitative Auswertung der Strömungsgeschwindigkeiten dienen Photoaufnahmen, teils mit Blitzbeleuchtung, teils mit längeren Belichtungszeiten. Die schwimmenden Plättchen erscheinen auf der photographischen Platte als kurzer Strich, dessen Länge der Geschwindigkeit der Plättchen entspricht. Mit Hilfe eines Bildmaßstabes wird aus der Spurlänge die Geschwindigkeit der Teilchen errechnet (Methode von Ahlborn [1]), wie vorstehend von M. Dunst [5] beschrieben. Darüberhinaus wird die Geschwindigkeit größerer Schwimmkörper und damit der Strömung mit der Stoppuhr ermittelt.

Mit der Stoppuhr werden auch die Geschwindigkeiten, mit denen sich zyklonale Wirbel in der Wanne fortbewegen, bestimmt. Zudem läßt die Versuchsapparatur auch hier eine photographische Bestimmung der Geschwindigkeit der Wirbel nach der Methode von Ahlborn [1] zu. Mit Hilfe zeitlich aufeinanderfolgender Leicaaufnahmen (etwa alle 5 bis lo Sekunden) wird sie anhand eines Bildmaßstabes errechnet.

8. Ähnlichkeitsbedingungen

P. Raethjen [15] hat die allgemeinen "Ähnlichkeitsbedingungen für geohydrodynamische Modellexperimente in rotierender Schale" dargelegt. Die Ähnlichkeitsbedingungen geometrischer, kinematischer und dynamischer Art, die auch für unser vorstehend beschriebenes Modell erfüllt sein müssen, bestimmen vor allem Form und Größe dieser Modellapparatur. Für die wichtigsten Ähnlichkeitskennwerte "Rossbyzahl", "Reynoldszahl" und "Froudezahl" (letztere wegen der hydrodynamischen Bedeutung der freien Oberfläche) sei ein Größenvergleich zwischen Modell und Atmosphäre gegeben:

Die Rossbyzahl $v/\omega r_b$ (Relativgeschwindigkeit v durch Umlaufgeschwindigkeit ωr_b) hat für einen mittleren Westwind von lo m/sec den atmosphärischen Wert o,o4. Um den gleichen Zahlenwert für das Modell zu erhalten, müssen wir für den "Breitenkreis", auf dem sich die Siebe befinden, eine relative Strömungsgeschwindigkeit von lo cm/sec erzeugen. Diese Driftgeschwindigkeit zeigte sich für unsere Versuche als richtige Größenordnung.

Die Reynoldszahl $\rho \omega h^2/2a$ (das Verhältnis der Corioliskraft zu den Reibungskräften): Setzt man für ρ die Dichte der hohen Troposphäre, für a den Austauschkoeffizient der hohen Troposphäre, für h die Mächtigkeit der oberen Troposphäre (vgl. die Einschubschicht Abb. 1), so ergibt sich als Reynoldszahl etwa 1.000 bis 3.000. Auch im Modell ist zu beachten, daß a nicht den molekularen, sondern den turbulenten Reibungskoeffizienten bedeutet. Man kann aber annehmen, daß der Bruch a/h in beiden Fällen dem molekularen Reibungskoeffizienten proportional ist. Unter dieser Annahme ergibt sich für das Modell ungefähr dieselbe Reynoldszahl. Für die Reibungsähnlichkeit genügt es, daß die Reynoldszahlen ungefähr übereinstimmen.

Die Froudezahl $\omega^2 r^2/gh$ (das Verhältnis der kinetischen zur potentiellen Energie) ergibt für die Atmosphäre wie auch im Modell den Wert 1. (Dabei ist h als Höhe der "homogenen" Atmosphäre eingesetzt.)

Man sieht, daß hinsichtlich der Ähnlichkeitskennwerte hinreichende Übereinstimmung zwischen dem Modell und der Atmosphäre vorhanden ist und daß dies nur durch die Größe des Modells erreicht werden konnte. Wählt man kleinere Abmessungen, so müßte die Winkelgeschwindigkeit ω entsprechend größer sein, was aber den mitrotierenden Beobachtern körperlich nicht mehr zuzumuten ist.

Eine Änderung des Coriolisparameters mit der Breite ist im Modell nicht (jedenfalls nur unwesentlich) vorhanden, obwohl sie in der Atmosphäre eine große Rolle spielt. Im Ringraum zwischen "Rührflügel" und Außenwand können wir auf die Änderung des Coriolisparameters mit der Breite verzichten, da der Ringraum nur die Westwindzone zwischen 70° und 40° Breite darstellt.

II. Theorie der "Langen Welle" und "Einschubwelle"

1. Welle und Zyklone, kinematisch

Im Wetterdienst bekannt sind die sogenannten "langen" Wellen, große Mäander des planetarischen Westwindringes, welche in der oberen Troposphäre und Substratosphäre die Erde mit drei bis fünf Perioden umgeben. C. G. Rossby [20] hat gezeigt, daß diese "langen" Wellen durch den sogenannten "ß-Effekt", d.h. durch die Breitenunterschiede des Coriolisparameters bedingt sind. Normalerweise besitzen sie in ihrem zyklonalen Wellenbauch zyklonale, im antizyklonalen Wellenbauch antizyklonale Wirbel, wie es die beistehende Abb. 8 mit den Wirbeln Z und A zeigt.

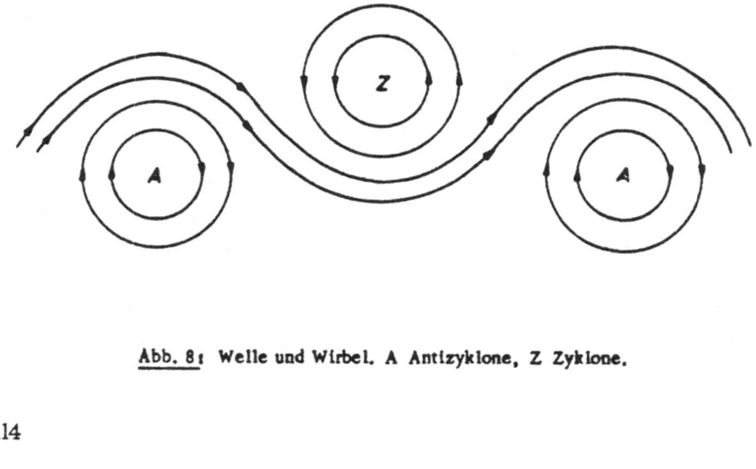

Abb. 8: Welle und Wirbel. A Antizyklone, Z Zyklone.

P. Raethjen [13] hat darauf hingewiesen, daß neben diesen (quasibarotropen) "langen" Wellen auch "Einschubwellen" mit wesentlich kürzerer Wellenlänge vorkommen, welche überwiegend durch einen "baroklinen" "Einschub", der beispielsweise in Abb. 1 mit drei Pfeilen gekennzeichnet ist, bedingt sind. Dieser Effekt kann auch in unserem Modell auftreten, welches keinen "ß-Effekt" besitzt. Auch diese Wellen besitzen normalerweise eine Zyklone im zyklonalen, eine Antizyklone im antizyklonalen Wellenbauch, wie Abb. 8 es zeigt. Wir folgen daher weiterhin den genannten Gedankengängen von P. Raethjen [13]:

Der Zusammenhang einer Mäanderströmung bzw. Wellenstromlinie mit zyklonalen und antizyklonalen Wirbeln ist eine kinematische Trivialität: Wenn irgendwo eine Reihe von abwechselnd zyklonalen und antizyklonalen Wirbeln auftritt, so gibt es dazwischen notwendig auch eine Wellenstromlinie mit zyklonalen und antizyklonalen Wellenbäuchen (Abb. 8). Diese Stromlinie hat die Eigenschaft, näherungsweise keine Stromfeldscherung zu besitzen.

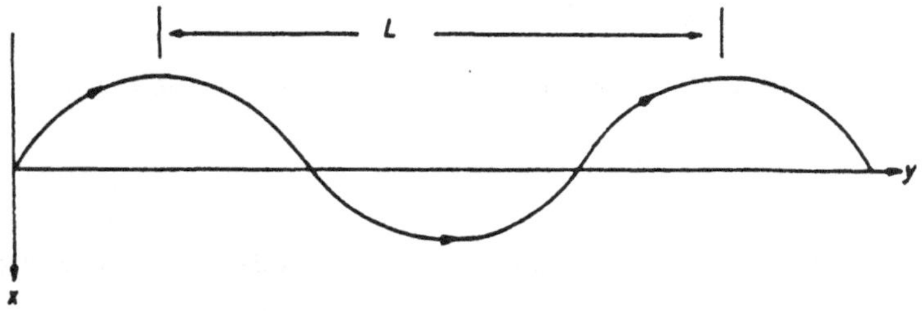

Abb. 9: Koordinaten der "Wellenstromlinie".

Die Abb. 9 idealisiert diese Wellenstromlinie als Sinusfunktion: Die x-Achse liegt meridional (äquatorwärts positiv), die y-Achse ist ostwärts gerichtet. Wir denken uns dieses Koordinatensystem mit der Welle bewegt, d. h. die Wellenlinie (Abb. 9) ist stationär in diesem System. Zur Vereinfachung der Rechnung nehmen wir an, die relative Strömungskomponente v_y sei auf der Wellenstromlinie konstant und nennen diese Konstante v^*.

Für die Wellenstromlinie (Abb. 9) gilt dann die Gleichung:

(3) $$x = - A \cdot \sin(2\pi \frac{y}{L})$$

wobei A ihre Amplitude und L ihre Wellenlänge bedeuten. Hieraus folgt auf der Stromlinie:

(4) $$v_x = \frac{dx}{dt} = v^* \cdot \frac{dx}{dy} = - 2\pi v^* \frac{A}{L} \cos(2\pi \frac{y}{L})$$

Ferner hatten wir vorausgesetzt (näherungsweise):

(5) $$\frac{\partial v_y}{\partial x} = 0$$

auf dieser Stromlinie.

2. Vorticity, kinematisch

Die relative Vorticity ist definiert als:

(6) $$\lambda = \frac{\partial v_y}{\partial x} - \frac{\partial v_x}{\partial y}$$

Nach Gl. (3), (4), (5) und (6) ergibt sich die relative Vorticity:

(7) $$\lambda = + 4\pi^2 \frac{v^*}{L^2} \cdot x$$

Die absolute Vorticity ζ setzt sich zusammen aus der relativen Vorticity λ und der Erdvorticity $f = 2\omega \sin\varphi$, beträgt also nach Gl. (7)

(8) $$\zeta = 2\omega \sin\varphi + 4\pi^2 \cdot \frac{v^*}{L^2} x$$

Die geographische Breite der y-Achse (Abb. 9) nennen wir φ_o und bestimmen für eine kleine Breitenänderung $\Delta\varphi$ folgendermaßen:

(9) $$\Delta\varphi = \varphi - \varphi_o = - \frac{x}{r_E}$$

wobei r_E den Erdradius bedeutet. Mit Gl. (9) erhalten wir

(lo) $$\sin\varphi = \sin\varphi_o - \frac{x}{r_E} \cos\varphi_o$$

Setzen wir dies in Gl. (8) ein, so erhalten wir

$$(11) \qquad \zeta = f_o - \frac{x}{r_E} \, 2\omega \cos \varphi_o + 4\pi^2 \frac{v^*}{L^2} x$$

Hier setzen wir das allgemein gebräuchliche Abkürzungssymbol

$$(12) \qquad \beta = \frac{2\omega \cos \varphi_o}{r_E}$$

ein und erhalten

$$(13) \qquad \zeta = f_o - x\beta + 4\pi^2 \frac{v^*}{L^2} x$$

Die Gleichung vereinfacht sich im Modellversuch, weil in diesem $\varphi \cong 90^o$, also $\cos\varphi \cong 0$ und $\beta \cong 0$ ist.

3. Vorticity, dynamisch

Die Abb. 10 a zeigt im Vertikalschnitt durch eine Frontalzone (Abb. 1) zwei Isentropen der oberen Troposphäre: Wenn zwischen diesen eine vertikale Luftsäule von o nach x äquatorwärts (in Pfeilrichtung) verschoben wird, dehnt sich diese vertikal von h_o auf h (Abb. 10 a) und die (integrierte) Vorticitygleichung (2) sagt aus:

$$(14) \qquad \frac{\zeta}{\zeta_o} = \frac{h}{h_o} = \frac{c+x}{c} = 1 + \frac{x}{c}$$

Wenn die y-Achse der Abb. 9 inmitten einer Frontalzone, d.h. an der Stelle x = o der Abb. 10 a liegt, so pendelt eine auf der Wellenstromlinie der Abb. 9 bewegte Luftmasse zwischen den beiden Isentropen der Abb. 10 a von links nach rechts und umgekehrt, indem ihre Koordinate x sich verändert. Dabei hat sie an jedem Ort x die Vorticity ζ nach Gleichung (14).

Nach Gl. (13) und Abb. 9 hat sie am Ort x = o die Vorticity $\zeta_o = f_o$. Setzt man dies in Gl. (14) ein, so ergibt sich

$$(15) \qquad \zeta = f_o \left(1 + \frac{x}{c}\right) = f_o + f_o \frac{x}{c}$$

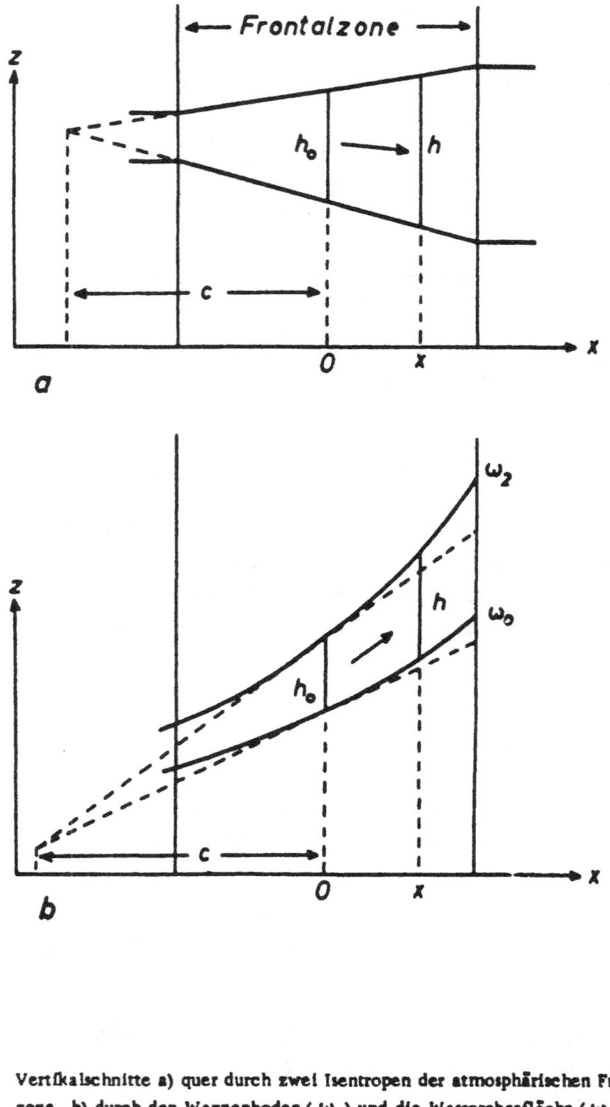

Abb. lo: Vertikalschnitte a) quer durch zwei Isentropen der atmosphärischen Frontalzone, b) durch den Wannenboden (ω_0) und die Wasseroberfläche (ω_2). Der Pfeil bezeichnet den zyklogenetischen "Einschub".

Vergleicht man diesen Wert ζ mit dem der Gleichung (13), so ergibt sich

$$(16) \qquad f_o \frac{x}{c} = - x\beta + 4\pi^2 \frac{v^*}{L^2} x$$

oder, durch x dividiert, mit der abkürzenden Bezeichnung

$$(17) \qquad \gamma = \frac{2\omega \sin\varphi_o}{c} \quad ;$$

$$(18) \qquad 4\pi^2 \frac{v^*}{L^2} = \beta + \gamma$$

4. Spezialfälle

Die "lange" Welle der Atmosphäre ist nach Gl. (18) der Spezialfall γ = o, nämlich eine quasibarotrope Welle, die keine "Frontalzone" benötigt ($c = \infty$) und ohne "Einschub" zustande kommt. Eine "Einschubwelle" kann in der Modellwanne auftreten, wenn die Oberfläche des Wassers (ω_2) eine andere Neigung besitzt als die Wannengrundfläche (ω_o), wie in Abb. lo b dargestellt: Wenn eine Wassersäule in der Wanne von o nach x (Abb. lo b) verschoben wird, ist dies derselbe "Einschub", wie in der Atmosphäre nach Abb. lo a, aber in der Wanne mit der Nebenbedingung β = o, weil hier $\varphi_o \cong 9o^o$ beträgt.

Die Spezialfälle der Gl. (18) sind also folgendermaßen charakterisiert:

$$(19) \qquad 4\pi^2 \frac{v^*_\beta}{L^2_\beta} = \beta \quad ; \qquad \beta = \frac{2\omega \cos\varphi_o}{r_E}$$

Dies ist die Gleichung der "langen" Welle. Sie bestimmt in der Atmosphäre die Wellenstromlinie solcher Luftmassen, welche allen Schichten angehören (ohne "Einschub").

Dagegen ist

$$(2o) \qquad 4\pi^2 \frac{v^*_\gamma}{L^2_\gamma} = \gamma \quad ; \qquad \gamma = \frac{2\omega \sin\varphi_o}{c}$$

die Gleichung der reinen "Einschubwelle". Diese kann in der Atmosphäre nur in Frontalzonen vom jet stream-Typ auftreten, wo die Isentropen vertikal auseinanderfächern (Abb. 1). Ebenso gilt die Gl. (2o) in der Modellwanne, wenn das Wasser mit einer von der "Gleichgewichtsrotation" ω_o verschiedenen Winkelgeschwindigkeit ω_2 rotiert.

Es ist nützlich, den ß-Effekt vom γ-Effekt zu unterscheiden, nicht nur (wie vorstehend) zum Vergleich der atmosphärischen Wellen mit den Modellversuchen, sondern auch zur Erklärung komplizierter Wind- und Druckfelder der Atmosphäre, welche unter dem Namen "Delta" oder "blocking action" bekannt geworden sind [13].

5. "Einschub" in der Wanne

Im Modellversuch bestimmt sich die Strecke c der Abb. 1o b durch den Neigungsunterschied der Wasseroberfläche gegenüber der Wannenbodenfläche.

Beide Flächen (Index 2 und Index o) sind Rotationsparaboloide. Ihre Neigung beträgt auf dem Wannenradius $\bar{r}$, der den Ort x = o der Wellenstromlinie in der Wanne bezeichnet:

$$(21) \qquad \frac{dz_2}{dx} = \frac{\omega_2^2}{g} \bar{r} \quad \text{bzw.} \quad \frac{dz_o}{dx} = \frac{\omega_o^2}{g} \bar{r}$$

Nach Abb. 1o b ist also:

$$(22) \qquad \frac{h_o}{c} = \left(\frac{dz_2}{dx} - \frac{dz_o}{dx}\right) = \frac{\bar{r}}{g} (\omega_2^2 - \omega_o^2)$$

Nach Gl. (17) ist im Modellversuch (näherungsweise):

$$(23) \qquad \gamma = \frac{2\,\omega}{c} = \frac{2\,\omega\,\bar{r}}{h_o g} (\omega_2^2 - \omega_o^2)$$

Setzen wir diesen Wert in Gl. (2o) ein, so ergibt sich:

$$(24) \qquad \overset{*}{v}_\gamma = \frac{L_\gamma^2}{4\pi^2} \cdot \frac{2\,\omega_2 \bar{r}}{h_o\, g} (\omega_2^2 - \omega_o^2)$$

Da in unseren Modellversuchen die Wellenlänge L_γ meist nicht deutlich erkennbar ist, gebrauchen wir hier die Bedingung, daß der Durchmesser $2r'$ der Wannenzyklone gleich der halben Wellenlänge unserer Wellenstromlinie ist (Abb. 9), setzen also in Gl. (24) $16r'^2$ für L_γ^2 ein:

$$(25) \qquad v_\gamma^* = \frac{8}{\pi^2} \frac{\omega_2 \cdot r'^2 \bar{r}}{h_o g} (\omega_2^2 - \omega_o^2).$$

Dabei bedeuten v_γ^* die Relativgeschwindigkeit des Wassers relativ zur stationären Wellenstromlinie (Abb. 9) oder mit umgekehrtem Vorzeichen die Verlagerungsgeschwindigkeit des Wirbels relativ zum Wasser. Denn diese Gleichung gilt auch dann, wenn von der "Wellenlinie" nur ihr zyklonaler Bauch zu sehen ist. Wenn also das Wasser in der Modellwanne "quasistarr" mit der Winkelgeschwindigkeit ω_2 rotiert, muß der Wirbel (die Zyklone) entweder schneller oder langsamer (je nach dem Vorzeichen von v_γ^*) rotieren. Man erkennt dies daran, daß der Wirbel (mit dem zyklonalen Bauch der Wellenlinie) langsam "auswandert".

6. Das "Auswandern" des Wirbels

Als "Auswandern" des Wirbels bezeichnen wir seine Abwanderung von der Senke, welche ihn (durch Konvergenz) unterhält.

Die Rotation des Wirbelkerns um die Zentralachse der Wanne nennen wir (als Winkelgeschwindigkeit) ω_3. Dann ist

$$(26) \qquad v_\gamma^* = - r(\omega_3 - \omega_{2*}).$$

Dabei bedeutet ω_{2*} die Winkelgeschwindigkeit, mit welcher die auf der "Wellenstromlinie" (Abb. 8 und 9) befindlichen Wassermassen um das Wannenzentrum rotieren; es handelt sich also nicht um eine "quasistarre" Rotation der ganzen Wassermasse, wie sie mit ω_2 gemeint ist.

Setzen wir die Gleichungen (26) und (25) einander gleich, so ergibt sich:

$$(27) \qquad \frac{8}{\pi^2} \frac{\omega_2 r'^2 \bar{r}}{h_o g} (\omega_2 + \omega_o)(\omega_2 - \omega_o) = \bar{r}(\omega_{2*} - \omega_3)$$

Wenn wir in dieser Gleichung beachten, daß die ω-Differenzen klein gegen die ω-Werte sind, so schreibt sich diese Gleichung näherungsweise:

$$(28)\qquad \frac{\omega_{2*} - \omega_3}{\omega_2 - \omega_o} = \frac{8}{\pi^2}\ \frac{2\,\omega^2 r'^2}{h_o\, g}$$

wobei wir auf der rechten Seite nicht zwischen den verschiedenen ω-Werten unterschieden haben. Setzen wir die Zahlenwerte $\omega = 1{,}6\ \mathrm{sec}^{-1}$, $r' = 5o$ cm, $h_o = 45$ cm und $g = 1o\ \mathrm{m/sec}^2$ ein, so ergibt sich:

$$(29)\qquad \frac{\omega_{2*} - \omega_3}{\omega_2 - \omega_o} = o{,}2$$

und hieraus das "Auswandern" $\omega_3 - \omega_1$:

$$(3o)\qquad \omega_3 - \omega_1 = \omega_{2*} - \omega_1 - o{,}2(\omega_2 - \omega_o)$$

wobei meistens (aber nicht immer) mit hinreichender Näherung $\omega_{2*} = \omega_2$ gesetzt werden kann.

Dies ist die Winkelgeschwindigkeit, mit welcher der Wirbelkern vom "Saugsieb" abwandert.

Man darf erwarten, daß die besten Bedingungen für kräftige Zyklogenesis dann vorhanden sind, wenn der Wirbel nicht auswandert, sondern über dem Saugsieb bleibt. Dies erfüllt die Gl. (3o) trivialerweise, wenn

$$(31)\qquad \omega_o = \omega_1 = \omega_2 = \omega_{2*} \qquad \text{ist.}$$

Auch eine andere (nicht triviale) Möglichkeit liegt vor, nämlich wenn $\omega_{2*} = \omega_2$ ist und

$$(32)\qquad o{,}8\ \omega_2 + o{,}2\ \omega_o = \omega_1\ .$$

Diese Gleichung sagt aus: Damit der Wirbel nicht auswandert, muß die Rotation ω_1 der Wanne zwischen der Gleichgewichtsrotation ω_o und der Wasserrotation ω_2 liegen, jedoch erheblich näher an der letzteren.

Setzt man für r' nicht 5o cm sondern 2o cm ein, so ergibt sich statt Gl. (29) mit der Nebenbedingung $\omega_{2*} = \omega_2$:

(33) $$\omega_3 - \omega_1 \cong \omega_2 - \omega_1$$

d. h. sehr kleine Wirbel wandern nicht aus, wenn das Wasser und die Wanne gleich schnell rotieren.

III. Experimente mit weit getrennter Quelle und Senke

1. Anordnung und Form der Quelle und Senke

Zunächst behandeln wir eine Versuchsanordnung, in welcher die Quelle ("Drucksieb") und Senke ("Saugsieb") weit voneinander getrennt sind. Die hierbei gewonnenen Ergebnisse werden dazu helfen, im Kap. IV die Vorgänge bei fronthaft engem Abstand der Quelle und Senke zu durchschauen.

Unter "weitem" Siebabstand verstehen wir eine Anordnung der Quelle und Senke, bei der die Quelle die Strömungen an der Senke nicht merklich stört. Ist dies nach längerer Versuchsdauer doch der Fall, so wird der Versuch abgebrochen und nur bis zu diesem Zeitpunkt ausgewertet. Es hat sich als zweckmäßig erwiesen, daß, wenn z. B. in Sieb 1 (Abb. 5 b, Seite lo5) abgesaugt wird, in den Sieben 6 und 8 zugepumpt wird. Eine solche Siebanordnung bedeutet, daß die Quelle und Senke weit voneinander getrennt sind. Wie schon erwähnt, entspricht die Anordnung von Sieb 1 und 2 der Kalt- und Warmfront einer atmosphärischen Zyklone. Daher dient uns das Sieb 1 stets als "Senke".

Dabei ist allerdings noch zu untersuchen, ob die langgestreckte Form des Siebes 1 spezielle Effekte hervorbringt, welche erhebliche Abweichungen von den Effekten kreisrunder oder quadratischer Siebe aufzeigt. Diese Frage haben wir zunächst mit den Rotationsgeschwindigkeiten der Gl. (31) untersucht, welche "trivialerweise" die besten Bedingungen für Zyklogenesis bieten, mit folgendem Ergebnis:

Verwenden wir Sieb 3 oder 7 als Senke (Sieb 8 und lo bzw. 2 und 4 als Quelle), ergibt sich kein anderes Bild als mit dem "Saugsieb" 1. Wird Sieb 5 als Senke (Sieb 2 und lo als Quelle) benutzt, so gewinnen die Wirbel rascher an Tiefe, haben aber dafür eine geringere Ausdehnung als die oben beschriebenen Wirbel (wegen der geringeren Fläche dieser Siebe). Hier findet eine stärkere Flächenschrumpfung der Massen statt, die relative Vorticity ist besonders groß. Aus Ähnlichkeitsgründen mit der Atmosphäre hielten wir es für angebracht, bei allen weiteren Versuchen die auch aus anderen Gründen geeignete Siebform 1 als Senke und die Siebe 6 und 8 als Quelle zu verwenden. Die Allgemeingültigkeit unserer Befunde wird durch diese spezielle Wahl nicht beeinträchtigt.

2. ω -Systematik und Pumpnormierung

Da die Form der Siebe keine Rolle spielt, unterscheiden sich die Versuchsbedingungen mit weit entfernter Senke und Quelle nur durch die verschiedenartige Kombination der drei ω -Werte: Die Gleichgewichtsrotation ω_0 (Apparatkonstante), die Wannenrotation ω_1 (wählbare Versuchsbedingung) und die Wasserrotation ω_2 (ebenfalls wählbar) bestimmen den Ablauf des Experiments.

Man kann alle irgendmöglichen Kombinationen in folgendem Neuner-Schema darstellen:

$$
(34) \qquad \omega_0 \pm \varepsilon \begin{cases} < \omega_1 \begin{cases} < \omega_2 & \text{zyklogenetisch (32)} \\ = \omega_2 & \text{zyklogenetisch für kleine } r' \lesseqqgtr 20\,\text{cm} \\ > \omega_2 & \end{cases} \\ = \omega_1 \begin{cases} < \omega_2 & \\ = \omega_2 & \text{trivial zyklogenetisch} \\ > \omega_2 & \end{cases} \\ > \omega_1 \begin{cases} < \omega_2 & \\ = \omega_2 & \text{zyklogenetisch für kleine } r' \lesseqqgtr 20\,\text{cm} \\ > \omega_2 & \text{zyklogenetisch (32)} \end{cases} \end{cases}
$$

Unter der (nicht immer gültigen) Voraussetzung $\omega_{2*} = \omega_2$ können wir aus den theoretischen Erörterungen des Kap. II 6 folgendes schließen:

Den kräftigsten Zyklogenesiseffekt darf man erwarten, wenn der Wirbel nicht auswandert, bzw. die linke Seite der Gl. (3o) Null wird. Dies ist nach Gl. (31) "trivialerweise" erfüllt für den Fall $\omega_0 = \omega_1 = \omega_2$, an dem in (34) "trivial zyklogenetisch" angeschrieben steht. Dabei ist ein Spielraum

$\pm \varepsilon$ vorhanden, innerhalb dessen schon bei mäßiger Pumpleistung kräftige Zyklogenesis auftritt. "Kräftige" Zyklogenesis ist durch einen kräftigen Wirbel gekennzeichnet, der über der Senke zeitlich und örtlich stationär ist, bzw. sich über der Senke kontinuierlich erneuert. Aus den weiter unten erörterten Versuchen zeigt sich $\varepsilon = 0{,}03$ sec^{-1}.

Nach Gl. (32) darf man erwarten, daß sich außer dem "trivialen" Fall im Neuner-Schema (34) noch zwei andere zyklogenetische Möglichkeiten bieten, nämlich dort, wo der Wert ω_1 zwischen $\omega_o \pm \varepsilon$ und ω_2 liegt, und zwar näher an ω_2 als an ω_o. Hier ist daher die Anmerkung "zyklogenetisch (32)" angeschrieben, welche bedeutet, daß hier die Erfüllung der Gl. (32) möglich ist.

In Gl. (33) wurde aber gezeigt, daß Wirbel mit kleinem Durchmesser ($\lessapprox$ 40 cm) auch dann an der Senke verbleiben, wenn im Neuner-Schema (34) "zyklogenetisch für kleine $r' \lessapprox$ 20 cm" angeschrieben ist. Hier darf man also die Entstehung und Erhaltung kleiner Wirbel erwarten.

Demnach verbleiben im Neunerschema (34) vier Plätze, welche nach Kap. II 6 keine Wirbelentstehung erwarten lassen. Es wäre aber ein Irrtum und würde nicht der Theorie des Kap. II entsprechen, wenn man glauben würde, daß die anderen fünf Plätze des Neuner-Schemas die Zyklogenesis verbürgen.

Diese hängt selbstverständlich auch sehr von der Pumpleistung J der "Innenpumpe" ab. Ist diese sehr groß, so werden Wirbel auch unter weniger günstigen Bedingungen entstehen. Ist sie sehr gering, so liefern auch günstige Verhältnisse keinen Wirbel.

Der günstigste Platz im Neunerschema (34) ist der "triviale": Hier zeigen auch die Versuche, daß eine geringe "Pumpleistung" J = 4 Liter/sec genügt, um in einer halben Minute einen kräftigen Wirbel zustande zu bringen.

Ungünstig werden die zyklogenetischen Bedingungen dann, wenn der Wirbel vom Saugsieb auswandert (bei großem Wert $\omega_3 - \omega_1$), und dann, wenn eine erhebliche Relativströmung über das Saugsieb fließt, d. h. bei großem Wert $\omega_{2s} - \omega_1$, wobei das Symbol ω_{2s} nicht eine "quasistarre"

Rotation der ganzen Wassermasse meint, sondern nur diejenige in der Nähe des "Saugsiebes".

Die erstgenannte Ungunst ($\omega_3 - \omega_1 \neq 0$) ist bereits im Neuner-Schema (34) gekennzeichnet. Die zweitgenannte kann man mit der "Innenpumpe" ausgleichen, indem man die Pumpleistung J nach der empirischen Gleichung

$$J = 4 + 80 \left| \omega_{2s} - \omega_1 \right| \tag{35}$$

normiert.

Anmerkung: Diese "Normierung" bewirkt, daß die Horizontalschrumpfung $\Delta F/F$ der "flüssigen" Flächen über dem Saugsieb nicht oder nur unwesentlich von der Relativbewegung abhängt, solange $\omega_{2s} - \omega_1 \lessapprox 0{,}07$ bleibt. Sie erleichtert dadurch die Unterscheidung zyklogenetischer und nicht zyklogenetischer Fälle (vgl. die Gl. (1)).

Bei der praktischen Anwendung der Normierung (35) darf allerdings nicht vergessen werden, daß die Relativdrift $\omega_{2s} - \omega_1$ ebenfalls durch die Innenpumpe beeinflußt wird. Da dieser Wert praktisch nur vor dem Beginn des Pumpens bestimmt werden kann, ist er also mit Unsicherheiten behaftet. Dennoch bewährt sich die Normierungsgleichung (35) bei den Experimenten. Ohne eine solche Normierung zwischen dem Mindestwert J = 4 Liter/sec und dem technisch erreichbaren Maximalwert J = 10 Liter/sec würden übersteigerte Pumpleistungen die anderen Effekte verdecken.

3. Zyklogenetische und nicht zyklogenetische Fälle

Sämtliche neun Plätze der ω-Systematik (34) wurden mit zahlreichen Experimenten untersucht. Als "Saugsieb" diente dabei das Sieb 1, als "Drucksieb" die beiden Siebe 6 und 8 (s. Abb. 5 b). Die Pumpleistung wurde nach Gl. (35) normiert.

Das Ergebnis dieser Experimente zeigt Abb. 11: In der Abszisse sind die Werte $\omega_1 - \omega_0$, in der Ordinate $\omega_2 - \omega_1$ aufgetragen. Die Kreispunkte kennzeichnen diejenigen Experimente, welche einen kräftigen und am Saugsieb stationär werdenden Wirbel lieferten. Die Kreuzpunkte bezeichnen solche Experimente, welche keinen kräftigen stationären Wirbel zeig-

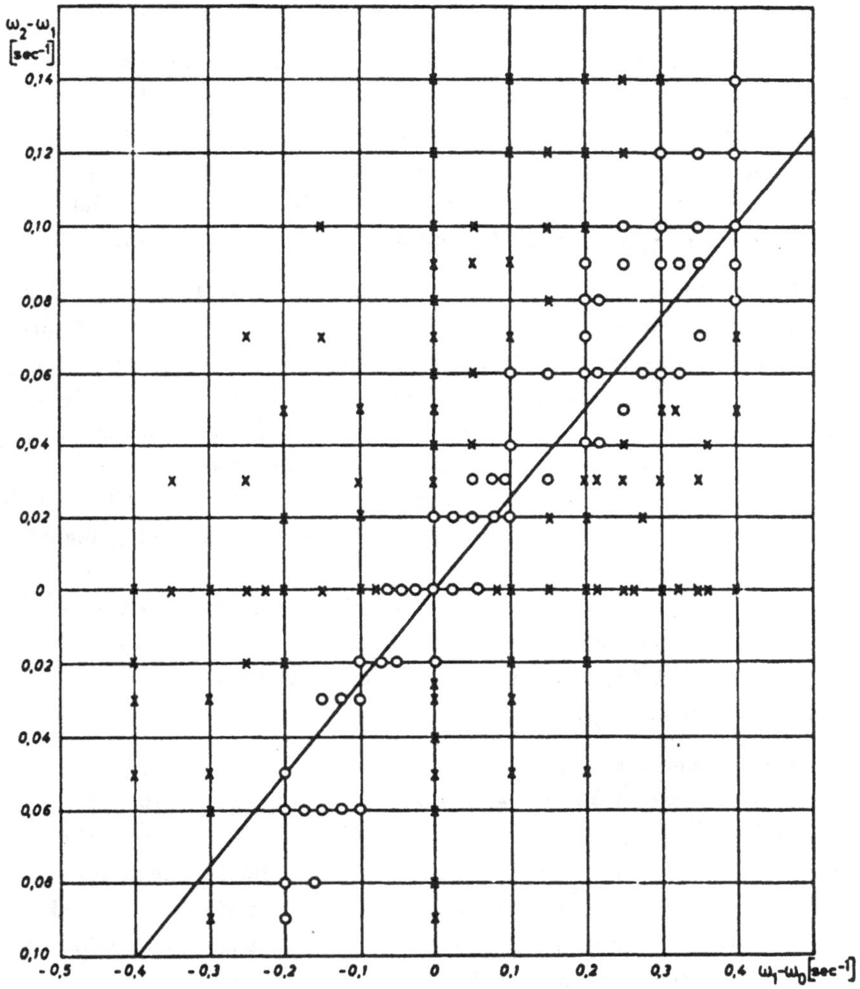

<u>Abb. 11</u>: Zyklogenesis bei weit getrennter Quelle und Senke. Abszisse $\omega_1 - \omega_0$ = Differenz der Wannenrotation gegenüber der "Gleichgewichtsrotation". Ordinate $\omega_2 - \omega_1$ = Differenz der Wasserrotation gegenüber der Wannenrotation. Kreispunkte kennzeichnen kräftige Zyklogenesis mit stationärem Endeffekt, Kreuzpunkte fehlende oder kleine und nicht stationäre Wirbel. Die ausgezogene Gerade bezeichnet die theoretisch günstigsten Zyklogenesisbedingungen.

ten, sondern allenfalls nur kleinere und schnell auswandernde Wirbel.

Die Werte $\omega_1 - \omega_o$ sind mit der Stoppuhr gemessen. Ihre Fehlerlizenz beträgt etwa $\pm$ o,oo5 sec^{-1}. Schwieriger ist die Bestimmung der Werte $\omega_2 - \omega_1$, soweit diese von Null verschieden sind. Zwar ist der Fall $\omega_2 - \omega_1 = o$ genauestens definiert als "quasistarre" Mitrotation des Wassers mit der Wanne. Man braucht nur eine halbe Stunde zu warten, damit dieser Wert $\omega_2 - \omega_1 = o$ mit der Lizenz $\pm$ o,oo5 sec^{-1} erfüllt ist.

Aber sehr problematisch ist die Realisierung der Werte $\omega_2 - \omega_1 \neq o$. Als "quasistarre" Rotation des Wassers kann man sie nur im "Nachlauf" verwirklichen folgendermaßen: Zunächst läßt man die Wanne längere Zeit mit der für das Wasser gewünschten Winkelgeschwindigkeit $\omega_1 = \omega_2$ rotieren, bis Wasser und Wanne diesen stationären Zustand erreicht haben. Darauf verändert man plötzlich die Rotation der Wanne, so daß diese dann eine konstante Winkelgeschwindigkeit $\omega_1 \neq \omega_2$ besitzt. Dabei behält das Wasser noch eine zeitlang die anfängliche Rotation ω_2, diese Zeit muß für das Experiment genutzt werden. Technisch krankt dieses Verfahren daran, daß die Wannenrotation nicht plötzlich geändert werden kann wegen der großen Trägheit der Betonwanne. So ist einerseits der erreichte Wert $\omega_2 - \omega_1$ ungenau, andererseits die für das Experiment verfügbare Zeit sehr knapp.

Deshalb zogen wir für Werte $\omega_2 - \omega_1 > o$ eine andere Methode vor: Nachdem zunächst ein stationärer Zustand $\omega_2 - \omega_1$ erreicht ist, wird (ohne Veränderung der Wannenrotation) die "Außenpumpe" eingeschaltet, so daß nunmehr in der Wanne eine mit ihr konzentrische Relativzirkulation (als "Westwind") entsteht, welche schnell einen stationären Zustand erreicht. Dann ist also über dem "Saugsieb" $\omega_{2s} > \omega_1$ und durch die Beobachtung von Schwimmern in der Wanne wird der Wert $\omega_{2s} - \omega_1$ am "Saugsieb" bestimmt. Dieser Wert ist abhängig von der Gleichstromspannung, die an dem Gleichstrommotor der "Außenpumpe" liegt und kann daher (nach vorangegangener Eichung der Apparatur) aus dieser Spannung errechnet werden.

Dieses "Außenpumpen-Verfahren" ist aber nur anwendbar für Werte $\omega_{2s} - \omega_1 > o$. Denn mit der "Außenpumpe" entstehen nur "Westwinde".

Auch diese Werte sind nicht sehr genau, sondern mit Fehlern etwa $\pm$ o,o2 sec^{-1} behaftet. Da die atmosphärische Zyklogenesis der Westwindzone am meisten interessiert, wurde auch in unseren Experimenten dieses Problem besonders beachtet.

In Abb. 11 sind also die gemessenen Punkte (nichtzyklogenetische Kreuze und zyklogenetische Kreise) für $\omega_2 - \omega_1 \lesseqgtr o$ nur im "Nachlaufverfahren", für $\omega_2 - \omega_1 > o$ überwiegend im "Außenpumpen-Verfahren" bestimmt. Außer diesen empirischen Punkten ist in Abb. 11 die theoretische Gerade eingezeichnet, welche die Gl. (32) bzw. die daraus hergeleitete Gleichung

$$(36) \qquad \frac{\omega_2 - \omega_1}{\omega_1 - \omega_o} = \frac{1}{4}$$

erfüllt. Man sieht, daß die Beobachtungen sich an dieser Geraden ausrichten innerhalb der zu erwartenden Fehlergrenzen.

Dadurch ist bewiesen, daß die in Kap. II mitgeteilte Theorie der "Einschubwelle" zyklogenetische Bedeutung hat. Man darf daraus schließen, daß dieser "Einschub" auch für die Entstehung und Existenz atmosphärischer Zyklonen bedeutsam ist, vor allem für die atmosphärischen Polarfrontzyklonen, denn diese entstehen unter ähnlichen Bedingungen wie unsere Wasserwirbel bei positiven Werten $\omega_1 - \omega_o$ und $\omega_2 - \omega_1$.

4. Auswanderungsgeschwindigkeit

Die Abb. 11 beweist also, daß die Fälle verschwindender Auswanderungsgeschwindigkeit $\omega_3 - \omega_1 = o$ zyklogenetisch bevorzugt sind. Es wurden aber auch Versuche angestellt, um die Geschwindigkeit v^*_γ direkt zu prüfen. Dabei wurde grundsätzlich immer die Bedingung $\omega_2 = \omega_1$ angewandt, denn diese Bedingung ist am genauesten zu realisieren, wie bereits bemerkt. Auch wird hierdurch die Messung von v^*_γ erleichtert, denn v^*_γ bedeutet in diesen Fällen die Bewegung des Wirbels relativ zur Wanne.

Nach Gl. (25) ist v^*_γ proportional $\omega_2^2 - \omega_o^2$. Es ist also sinnvoll, den gemessenen Wert v^*_γ über der Abszissenteilung $\omega_2^2 - \omega_o^2$ aufzutragen. Dies ist in Abb. 13 geschehen. Es handelt sich dabei um Wirbel, welche

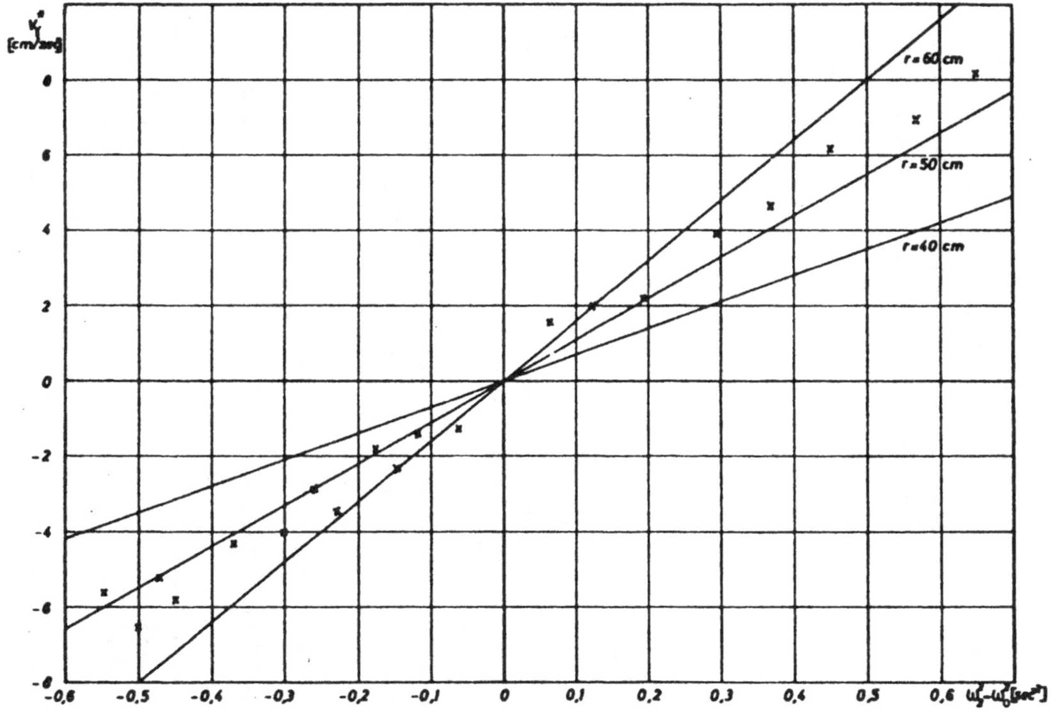

Abb. 13: Auswanderungsgeschwindigkeiten. Abszisse $\omega_2^2 - \omega_0^2$: Differenz der quadrierten Wasserrotation ω_2 und Gleichgewichtsrotation ω_0. Ordinate $\dot{v}_\gamma$ Geschwindigkeitsdifferenz zwischen Wirbel und Wasser.

bei ihrer Entstehung ihren Platz im Neunerschema (34) dort finden, wo "zyklogenetisch für kleine r' = 2o cm" angeschrieben ist.

Im Bereich $\omega_2^2 - \omega_o^2 \leqq$ o,3 sec^{-2} entstehen bei voller Leistung der "Innenpumpe" kräftige Wirbel, welche nach dem Abschalten der "Innenpumpe" Wirbeldurchmesser von etwa 1 m gewinnen und dabei von der Senke mit der Geschwindigkeit v_γ^* abwandern; in der Rotationsrichtung voraus, wenn $\omega_2 < \omega_o$ ist, rückläufig, wenn $\omega_2 > \omega_o$ ist. Ein Beispiel dieser Art zeigt die Bildserie der Abb. 12.

Im Bereich o,3 < $|\omega_2^2 - \omega_o^2| \leqq$ o,6 sec^{-2} lösen sich die (klein entstehenden) Wirbel bereits vor dem Abschalten der "Innenpumpe" ab und werden auch dann nicht sehr groß mit Durchmessern zwischen 8o und 1oo cm. Wenn aber $|\omega_2^2 - \omega_o^2| >$ o,6 sec^{-2} ist, wandert der Wirbel so schnell von der Senke ab, daß er nur geringe Tiefe und Breite gewinnt, daher für eine Beobachtung der Geschwindigkeit v_γ^* nicht brauchbar ist. Deshalb zeigt die Abb. 13 die Ergebnisse nur bis zum Abszissenwert $\omega_2^2 - \omega_o^2$ = o,6 sec^{-2}.

Die beobachteten Geschwindigkeitswerte v_γ^* zeigen sehr erhebliche Streuungen, welche sicherlich überwiegend darauf beruhen, daß die Wirbeldurchmesser 2r' sehr verschieden sind und quadratisch in v_γ^* eingehen. Die Beobachtung dieser Durchmesser ist sehr ungenau. Auch ist zu bedenken, daß 2r' in Gl. (25) eigentlich nicht den Wirbelradius, sondern die halbe Länge des zyklonalen Wellenbauches (Abb. 9) bedeutet.

Um mittlere Ergebnisse sicherzustellen, wurden mit jeder Größe $\omega_2^2 - \omega_o^2$ mehrere Wirbel hergestellt und ihre Abwanderung beobachtet. Der Kreuzpunkt bezeichnet den Mittelwert der beobachteten Geschwindigkeit v_γ^*.

Um den Vergleich mit der Formel (25) zu erleichtern, sind in Abb. 13 die Geraden eingetragen, welche die Formel (25) darstellen für die Radien r' = 4o cm, r' = 5o cm und r' = 6o cm, d. h. also für die am häufigsten vorkommenden Wirbeldurchmesser. Angesichts der großen Ungenauigkeit dieser Messungen darf man wohl mit der in Abb. 13 erscheinenden Übereinstimmung zufrieden sein.

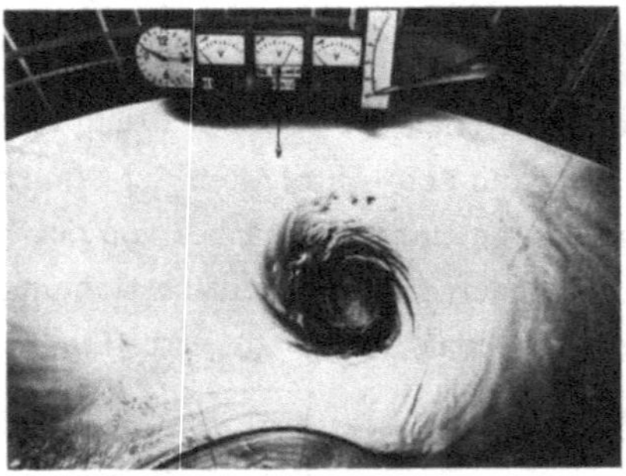

Innenpumpe JP eingeschaltet

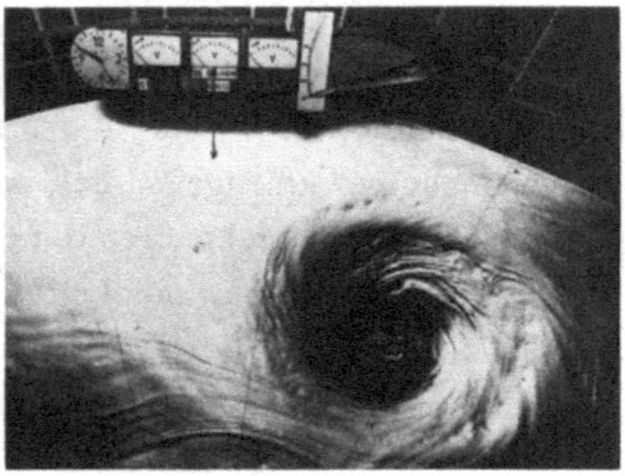

lo sec nach Abschalten der JP

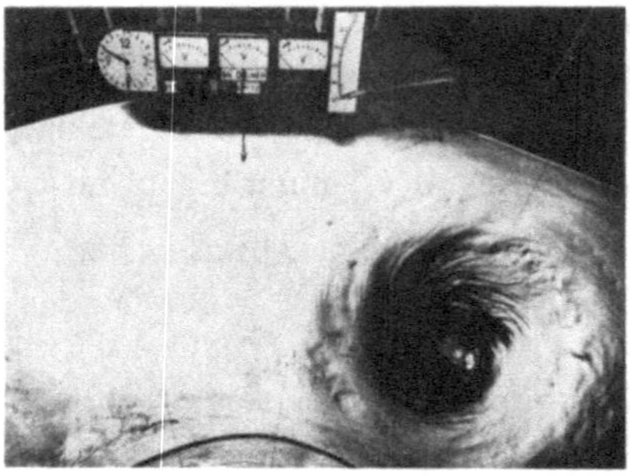

15 sec nach Abschalten der JP

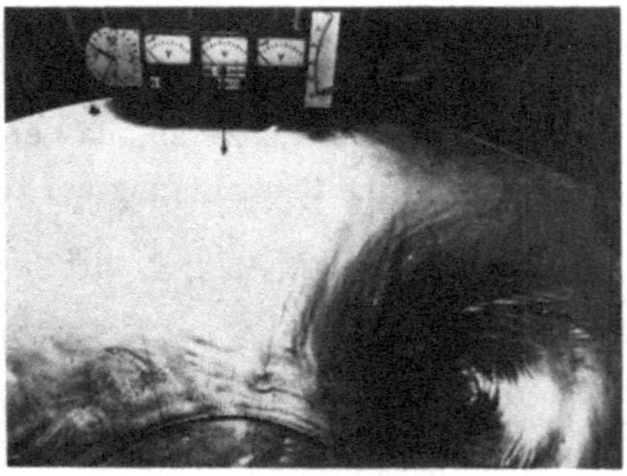

2o sec nach Abschalten der JP

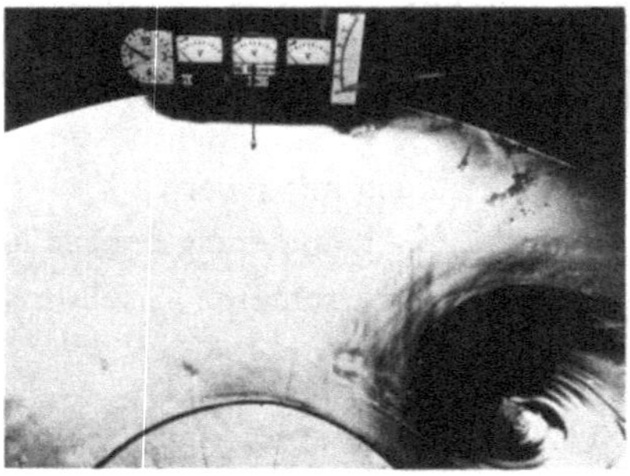

25 sec nach Abschalten der JP

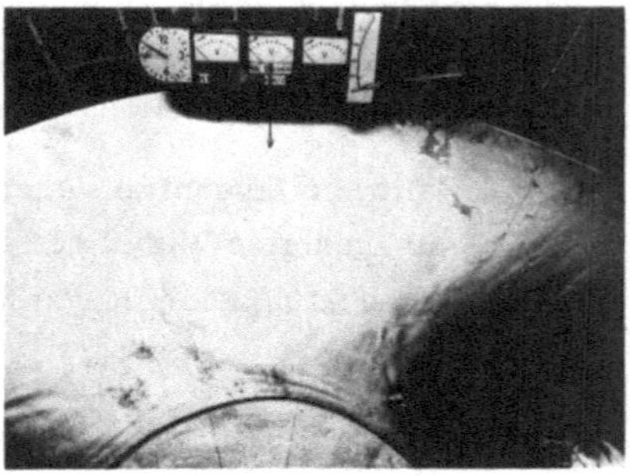

3o sec nach Abschalten der JP

Abb. 12: Das "Auswandern" und Anwachsen des Wirbels nach dem Abschalten der Innenpumpe JP in sechs Photos. Die Ortsänderung erkennt man an der Lage des Wirbels zur Instrumententafel. $\omega_2 - \omega_o$ beträgt o,o9 sec^{-1}.

Wahrscheinlich wird auch der Helmholtzsche [9] "Spiegelungseffekt" diese Wirbelbewegung mitbeeinflussen. Denn alle diese Wirbel zeigen die Tendenz, nach dem flacheren Wasser auszuscheren (eine Deutung der Wirbelverlagerung zum flacheren Wasser hin gibt nachstehend G. Fischer [6]). Dadurch nähern sie sich demjenigen Rand, an welchem der Helmholtzsche "Spiegelungseffekt" die Geschwindigkeit vergrößert, im vorliegenden Fall um etwa 10% bis 20%. Doch bleibt der Helmholtz-Effekt damit in den ohnehin vorhandenen Streuungsgrenzen.

5. Experimente mit ausgebautem "Rührflügel"

Versuche mit weitem Abstand der Quelle und Senke ohne Relativdrift des Wassers ergeben ohne "Rührflügel" und "Hohlzylinder" (R in Abb. 5) dieselben Ergebnisse wie mit "Rührflügel" und Hohlzylinder. Für den Fall $\omega_0 < \omega_1 = \omega_2$ zeigt sich noch deutlicher als bisher, daß der Wirbel nicht nur ostwestlich, sondern auch zum Zentrum hin auswandert, was ihm sonst die Zylinderwand verwehrt hat. Ähnliches bewirkt die Aussenwand der Wanne für den Fall $\omega_0 > \omega_1 = \omega_2$, bei dem der Wirbel westöstlich wandert und die Tendenz hat, zum Außenrand auszuscheren.

Dieser letztgenannte Fall ist den atmosphärischen Westdriftzyklonen ähnlich. Der innere "Rührflügel" mit oder ohne "Hohlzylinder" ist also unentbehrlich für deren Simulierung. Er wird sich besonders im folgenden Kap. IV bei enger Nachbarschaft der Quelle und Senke als zyklogenetisch wirksam zeigen.

Die Ergebnisse aller anderen Fälle der ω-Systematik (34) zeigen ohne "Rührflügel" keine wesentlichen Unterschiede in bezug auf Zyklogenesis bzw. auf Nicht-Zyklogenesis zu denen mit eingebautem "Rührflügel".

IV. Experimente mit nahe benachbarter Quelle und Senke

1. Anordnung und Form der Quelle und Senke

Wie bereits eingangs des Kap. III bemerkt, ist die "Nachbarschaft" der Quelle und Senke ein relativer Begriff. "Nahe benachbart" bedeutet, daß die über der Quelle entstehende Antizyklone eine störende Wirkung auf die Entwicklung des zyklonalen Wirbels ausübt. Im ersten Entstehungsstadium sind also Quelle und Senke niemals "benachbart". Erst, wenn die Antizyklone etwas größer geworden ist, beeinflußt sie den zyklonalen Wirbel.

In der Atmosphäre gibt es viele Beispiele für eine gegenseitige Beeinflussung benachbarter Zyklonen und Antizyklonen, aber auch solche, welche diesen Einfluß nicht zeigen. Z.B. die "Trogstörung" eines jet stream, wie Abb. 2 Seite loo sie zeigt, ist keine antizyklonisch beeinflußte zyklonale Störung.

Selbstverständlich komplizieren sich die Bedingungen der Zyklogenesis durch Einwirkungen einer benachbarten Antizyklogenesis erheblich. Diese experimentellen Befunde sind daher schwerer zu deuten. Dennoch wollen wir darauf nicht verzichten, einerseits, weil es in der Atmosphäre vorkommt, andererseits, weil die Anordnung der Warmfront und Kaltfront im norwegischen Zyklonenschema die nahe Nachbarschaft einer Quelle und Senke vermuten läßt. Deshalb wählen wir (ebenso wie bereits früher P. Raethjen [17]) die Anordnung einer fronthaften Quelle im "Drucksieb" 2 (Abb. 5b) und einer fronthaften Senke im "Saugsieb" 1 (Abb. 5b), wobei die erstere wie eine Warmfront auf der "Vorderseite", die letztere wie eine Kaltfront (bzw. deren postfrontales Gebiet) auf der "Rückseite" liegt. Vorgreifend sei gesagt, daß sich dabei keine besonders tiefgründigen Erkenntnisse für die Dynamik der Zyklonen ergeben. Das Wesentliche war bereits ohne eine Rückwirkung von der Antizyklone zu erkennen.

2. Das Nachbarschafts-Handikap

Auch in diesem Falle bewirkt die "Innenpumpe" Zyklogenesis, wenn bestimmte (typische) Bedingungen erfüllt sind. Unsere Experimente sollen auch jetzt feststellen, wann kräftige Zyklogenesis stattfindet und wann dies nicht der Fall ist.

Ehe wir uns diesen Ergebnissen zuwenden, lohnt es sich, folgende Überlegungen anzustellen:

a) Die Entstehung eines zyklonalen Wirbels über dem "Saugsieb" kann durch die Nachbarschaft des "Drucksiebes" nicht begünstigt, sondern nur behindert werden.

b) Die Behinderung wird zum Handikap, wenn dieselben Wassermassen, die durch das "Drucksieb" 2 (Abb. 5) in die Wanne eintreten, von dort direkt in das "Saugsieb" 1 (Abb. 5) hineinfließen. In diesem Fall kann über dem "Saugsieb" kein zyklonaler Wirbel entstehen, weil die antizyklonal verwirbelten Massen, welche vom "Drucksieb" kommen, durch die horizontale Konvergenz nur entwirbelt, aber nicht zyklonal verwirbelt werden (s. Gl. (1)).

Auf dieses Handikap hat auch P. Raethjen [17] hingewiesen. Es bedeutet, wie wir jetzt sehen werden, eine Behinderung, welche sich zusätzlich zu dem in Kap. III gezeigten zyklogenetischen Bedingungen ergibt. Es gibt augenscheinlich zwei Möglichkeiten, das Handikap zu vermeiden oder zu vermindern:

a) Die Anordnung einer zylinderförmigen Innenwand eines vergrößerten "Hohlzylinders" so nahe an den Sieben 1 und 2, daß das Auswandern des Wirbels zum Zentrum hin verhindert wird.

b) Der Vorwärtslauf des "Rührflügels" derart, daß der nach innen dringende zyklonale (desgleichen der antizyklonale) Wirbel in Richtung der Wannenrotation vorangetrieben wird.

Es wird sich zeigen, daß beide Methoden die Entstehung zyklonaler Wirbel über dem "Saugsieb" 1 erleichtern.

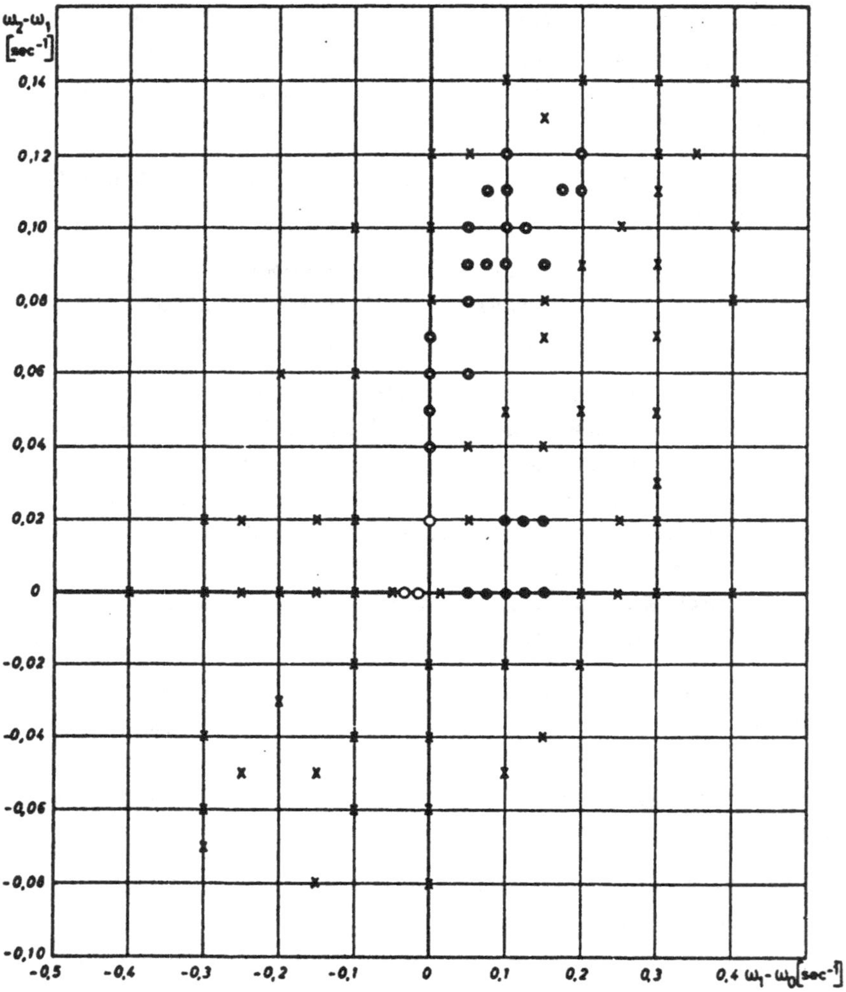

Abb. 14: Zyklogenesis bei nahe benachbarter Quelle und Senke. Koordinate wie Abb. 11. Kreispunkte kennzeichnen kräftige Zyklogenesis mit stationärem Endeffekt und zwar weiße Kreise ohne, schwarze mit Hilfe des "Rührflügels", Doppelkreise mit vergrößertem "Hohlzylinder". Kreuzpunkte bezeichnen fehlende oder kleine und nicht stationäre Wirbel.

3. Zyklogenetische Fälle

Ebenso wie in Abb. 11 mit denselben Koordinaten sind in Abb. 14 die zyklogenetischen Fälle durch Kreispunkte dargestellt, und zwar als weisse Kreise, wenn sich die Zyklogenesis ohne vergrößerten Innenzylinder und ohne Rotation des "Rührflügels" ergab. Als schwarze Kreise, wenn der "Rührflügel" sie ermöglichte, als doppelte Kreise, wenn nur der grössere Innenzylinder (in der Wanne festmontiert) einen kräftigen Zyklogenesiseffekt bewirkte. Alle nichtzyklogenetischen Experimente sind in Abb. 14 mit Kreuzpunkten eingetragen.

Wie man sieht, gibt es nur drei Fälle kräftiger Zyklogenesis:

a) Mit $\omega_1 - \omega_o = -0{,}02 \pm 0{,}02\ \mathrm{sec}^{-1}$ und $0 \leqq (\omega_2 - \omega_1) \leqq 0{,}02\ \mathrm{sec}^{-1}$. Dabei ist weder der "Rührflügel" noch die "Außenpumpe" betätigt, sondern ausschließlich die "Innenpumpe" mit der Pumpleistung J = lo Liter/sec (weiße Kreise).

b) Mit $\omega_1 - \omega_o = +0{,}10 \pm 0{,}05\ \mathrm{sec}^{-1}$ und $0 \leqq (\omega_2 - \omega_1) \leqq 0{,}02\ \mathrm{sec}^{-1}$. Dabei dreht sich der "Rührflügel" mit der Winkelgeschwindigkeit $0{,}07\ \mathrm{sec}^{-1}$ voraus. Die "Außenpumpe" wird nur soweit betätigt, daß der "Rührflügel" in der Wanne keine Zentralzirkulation macht (schwarze Kreise).

c) Mit $0 \leqq (\omega_1 - \omega_o) = 0{,}20\ \mathrm{sec}^{-1}$ und $0{,}04 \leqq (\omega_2 - \omega_1) \leqq 0{,}12\ \mathrm{sec}^{-1}$. Dies sind Bedingungen, welche den atmosphärischen Polarfrontzyklonen entsprechen. Dabei ist in der Wanne nicht der "Rührflügel" wohl aber die "Außenpumpe" in Tätigkeit, und ein festmontierter Innenzylinder ("Hohlzylinder") von 2oo cm Durchmesser bildet eine feste Wand nahe am "Saug"- und "Drucksieb" (Doppelkreise).

Alle anderen ω-Kombinationen lieferten keine kräftige Wirbelentstehung.

Man sieht: Um das "Nachbarschafts-Handikap" zu vermeiden, sind im atmosphärischen Falle besondere Hilfsmaßnahmen nötig. Für ein genaues Studium dieser dynamischen Bedingungen wären photogrammetrische Beobachtungen erforderlich. Denn wahrscheinlich kommt es hier auf die Abweichungen vom "Gradientwind", sicher aber auf die Unterschiede zwischen

ω_2 und ω_{2s} an. Auch Turbulenzen könnten mitsprechen. Da die Photogrammetrie dieser Stromfelder sich noch in Vorbereitung befindet, muß zurzeit auf eine genauere dynamische Analyse der "Handikap-Vorgänge" verzichtet werden.

4. Vergleich mit früheren Experimenten

Vor drei Jahren hat P. Raethjen [17] über ein "experimentum crucis" berichtet, welches zeigt, daß die Zyklogenesis auch ohne Temperaturfeld möglich ist. Im wesentlichen wird dies jetzt bestätigt. Insbesondere ist die dortige Gleichung (15) [17] praktisch identisch mit unserer "Normierungsgleichung" (35). Auch läßt unsere Abb. 14 erkennen, daß positive Werte $\omega_2 - \omega_1$ Zyklogenesischancen bieten. Auch der mittlere Wert $\omega_2 - \omega_1$ der zyklogenetischen Kreispunkte in Abb. 14 entspricht ungefähr der Größe v in Gl. (15) von P. Raethjen [17]. Eine genauere Bestätigung kann man nicht erwarten, weil der genannte Wert v in unserer Schreibweise $r(\omega_{2s} - \omega_1)$ bedeutet. Aber ω_{2s} ist bei eng benachbarter Quelle und Senke erheblich von ω_2 verschieden, wenn die "Innenpumpe" in Tätigkeit ist, und kann nur mit photogrammetrischen Methoden hinreichend genau gemessen werden.

Formelzeichen

Funktionen und Größen (lateinisch)

A	Amplitude
a	Austauschkoeffizient
c	Keillänge
c_1, c_2	Konstanten
cm	Zentimeter
cos	Kosinus
d	individuelles Differential
∂	lokales Differential
F	"flüssige" Fläche
f	Coriolisparameter
f_o	Coriolisparameter für $\varphi = \varphi_o$
g	Erdbeschleunigung
h	Schichtdicke
h_o	h an der Stelle x = o
J	Pumpleistung
L	Wellenlänge
L_β	Wellenlänge der "Langen Welle"
L_γ	Wellenlänge der "Einschubwelle"
m	Meter
mb	Millibar
r	Wirbelradius
r'	Radius der Wannenzyklone
r_b	Breitenkreisradius
$\bar{r}$	Wannenradius
r_E	Erdradius
sec	Sekunde
sin	Sinus
t	Zeit
v	Strömungsgeschwindigkeit relativ zum rotierenden System
v_x	Strömungskomponente in x-Richtung
v_y	Strömungskomponente in y-Richtung

v^* Strömungsgeschwindigkeit der Massen durch die Wellenstromlinien

v^*_β v der "Langen Welle"

v^*_γ v der "Einschubwelle"

x, y Horizontalkoordinaten

z Vertikalkoordinate

Funktionen und Größen (griechisch)

β (beta) Veränderlichkeit des Coriolisparameters mit der Breite, Gl. (19)

γ (gamma) Abhängigkeit der Einschubwelle von der Keilformation, Gl. (2o)

ε (epsilon) Toleranzgrenzen für die Zyklogenesis im trivialen Fall

ζ (zeta) absolute Vorticity

π (pi) Kreiszahl

λ (lambda) relative Vorticity

ρ (rho) Luftdichte

φ (phi) Geographische Breite (in der Wanne $\cong$ 9o^o)

φ_o φ an der Stelle $x = o$

ω (omega) Winkelgeschwindigkeit

ω_o Winkelgeschwindigkeit der Gleichgewichtsrotation

ω_1 Winkelgeschwindigkeit der Wannenrotation

ω_2 Winkelgeschwindigkeit der quasistarren Wasserrotation

ω_{2*} Winkelgeschwindigkeit der Wasserrotation auf der Wellenstromlinie

ω_{2s} Winkelgeschwindigkeit der Wasserrotation über dem Saugsieb

ω_3 Winkelgeschwindigkeit der Rotation des Wirbels um die Wannenachse

ω_z Winkelgeschwindigkeit des Hohlzylinders bzw. Rührflügels relativ zur Wanne

Sonstige Zeichen

$=$ gleich

$\cong$ ungefähr gleich

$\neq$ ungleich

$>$	größer als
$\geq$	größer oder gleich
$<$	kleiner als
$\leq$	kleiner oder gleich
∞	unendlich
$\|x\|$	absoluter Betrag von x
[ ]	verweist auf das Literaturverzeichnis oder schließt eine Dimensionsbezeichnung ein
Δ	Differenz
%	Prozent

Literaturverzeichnis

[1] AHLBORN, Fr., Jahrbuch d. Schiffsbautechn. Gesellschaft 1o (19o9) S. 37o

[2] BERGERON, T., Physik der troposphärischen Fronten und ihrer Störungen.
Wetter 53, 381, 1936

[3] BJERKNES, J., Theorie der außertropischen Zyklonenbildung.
Met. Z. 54, 1937

[4] DEFANT, A. und Fr., Physikalische Dynamik der Atmosphäre.
Akadem. Verlagsges. mbH., Frankfurt/M., 1958

[5] DUNST, M., Modellexperimente über die seitliche Vermischung in den Scherungsfeldern des jet stream.
Hamburger Geophysikalische Einzelschriften, Verlag Cram, de Gruyter u. Co., Hamburg, Heft 8, 1967

[6] FISCHER, G., Modellrechnungen zur Verlagerung von Wirbeln in rotierenden Flüssigkeiten.
Hamburger Geophysikalische Einzelschriften, Verlag Cram, de Gruyter u. Co., Hamburg, Heft 8, 1967

[7] FULTZ, D., A preliminary report on experiments with thermally produced lateral mixing in a rotating hemispherical shell of liquid.
Journ. Met. 6, Nor. 1, pp. 17-33, 1947

[8] FULTZ, D. (principal investigator), Structures of thermal convection in a rotating cylinder with some implications for large-scale atmospheric motions.
Final Report, Part I, Division B; Contract AF 19 (122) - 16o
Hydrodynamics Laboratory, Dpt. of Meteorology, University of Chicago, April 1956

[9] HELMHOLTZ, H. V., Über Integrale der hydrodynamischen Gleichungen, welche den Wirbelbewegungen entsprechen.
Journal für die reine und angewandte Mathematik Bd. 55, S. 25, 1858

[lo] HOLMBOE, J., Dynamic Meteorology.
Verl. J. Wiley a. S., Inc., New York, 277 u.f. und 341 u.f., 1945

[11] KASAHARA, A., The numerical prediction of hurrican movement with the barotropic model.
J. Meteor. 14, 386-4o2, 1957

[12] RAETHJEN, P., Dynamik der Zyklonen.
Akadem. Verlagsges. Geest u. Portig KG, Leipzig, 1953

[13] RAETHJEN, P., Zirkulationen der Atmosphäre.
Geophysikalische Einzelschriften, Heft 3, 1954

[14] RAETHJEN, P., The upper trough in two cases of east coastal cyclogenesis.
New York University, Research Division, Technical Paper No. 4, Project SCUD, Dept. Meteorology and Oceanography, Jan. 1956

[15] RAETHJEN, P., Ähnlichkeitsbedingungen für geohydrodynamische Modellexperimente in rotierender Schale.
Arch. f. Meteor. Geophys. u. Bioklim. S. A., Bd. lo, Heft 2/3, 1958

[16] RAETHJEN, P. und O. HÖFLICH, Zur Dynamik des jet stream.
Hamburger Geophysikalische Einzelschriften, Verl. Cram, de Gruyter u. Co., Hamburg, Heft 4, 1961

[17] RAETHJEN, P., Zur Energetik und Dynamik kräftiger Zyklogenesis.
Beiträge zur Physik der Atmosphäre 37, Heft 3/4, 1964

[18] RIEHL, H., Jet Stream in the Upper Troposphere and Cyclone Formation.
Trans. Amer. Geophys. Un. 29, 175-187, 1948

[19] RIEHL, H., A Further Study on the Relation between the Jet Stream and Cyclone Formation.
Tellus 5, 66-79, 1953

[2o] ROSSBY, C. G., Kinematic and Hydrostatic Properties of Certain Long Waves in the Westerlies.
Dept. Meteor. Univ. Chicago, Misc. Rep., No. 5, 1-37, 1942

[21] SCHERHAG, R., Bemerkungen über die Bedeutung der Konvergenzen und Divergenzen des Geschwindigkeitsfeldes für die Druckänderungen.
Beitrag zur Physik der Atmosphäre, 24, 122, 1937

Modellrechnungen zur Verlagerung von Wirbeln in rotierenden Flüssigkeiten

von G. Fischer

Abstract

The movement of barotropic and initially symmetric vortices embedded in a field of no-motion, in which either the coriolisparameter f or the depth of the fluid H - i.e. essentially the potential vorticity - varies horizontally is investigated. This is done by analytical and numerical methods. Similar laboratory experiments performed in a rotating tank of water have been described by K. Knolle in this issue. For analytical studies the divergent or non-divergent geostrophic model was applied.

The movement of the vortex-center was obtained from the first and second tendencies in the pressure field at zero-time. Based on the same initial state the time dependent solution of the velocity and pressure field was computed by integrating numerically the divergent primitive equation for a fairly long time. All methods revealed that symmetrical vortices did not move nor did they alter their shape, if the gradient of f/H vanished. In the presence of a gradient, the vortices - cyclonic and anticyclonic - had a component of displacement, such that the absolute value of relative vorticity was diminished. For a cyclone in the northern hemisphere this means a northerly direction if only the contribution of the varying f is considered - this result was obtained already by Rossby 1948 and Kuo 1950. There appears, however, a zonal component too, which is directed to the west and is the only component initially. The results obtained from the numerical integration show a migration of the cyclone to a northwesterly direction (like hurricanes!), thereby the vortex looses its initial symmetry and at the same time a steering current developes. The direction and speed of this current does not exactly coincide with that of the vortex-displacement; this is in agreement with theory. The generation of a steering current is part of the dynamics rather than kinematics of the vortex system.

It can best be interpreted, following Rossby, 1948 by the action of a resultant coriolis force (if only the contribution of f is considered) on the vortex motion which leads to a meridional acceleration: north (south) in case of a cyclone (anticyclone). Thereby the relative vorticity decreases in absolute value while the kinetic energy of the whole system remains practically constant. As a consequence rotational energy is transformed into energy of a translational current. The latter deviates, however, from the direction of vortex movement. This deviation is due to an internal zonal drift of the axially symmetric part of the vortex.

Another numerical example shows the development of a cyclone by distributing a rotationally symmetric sink of mass at the bottom of the barotropic fluid for a certain period. Instead of a varying f the depth H of the fluid is prescribed to shrink to the north. This gives qualitatively the same effect as the variation of f. In fact, the cyclone travels again to the northwest and gets asymmetric. The field of total velocity resembles very much - like in the first example - that of tropical cyclones and cold lows in the mid-latitudes troposphere. The laboratory experiments show corresponding results.

I. Einleitende Bemerkungen

In dem vorangegangenen Beitrag zu diesem Heft hat K. Knolle die Ergebnisse seiner experimentellen Untersuchungen im Rotationslabor beschrieben. Sein Interesse galt u. a. der Bestimmung der Verlagerungsgeschwindigkeit von zyklonalen Wirbeln in der rotierenden Wanne. Diese Wirbel wurden dadurch erzeugt, daß mit einer Pumpe über eine gewisse Zeit Wasser am Boden abgesaugt wurde; nach Abstellen der Pumpe blieb der Wirbel sich selbst überlassen. K. Knolle konnte nachweisen, daß Richtung und Betrag der Wirbeldrift relativ zur Umgebung von der Änderung der mittleren Wassertiefe in radialer Richtung abhängt. Eine Verlagerung des zyklonalen Wirbels in Drehrichtung der Wanne erfolgt bei nach außen (mit wachsendem Radius) abnehmender Wassertiefe; die Verhältnisse liegen umgekehrt, wenn die Wassertiefe nach außen zunimmt. Ferner zeigt sich eine Versetzungstendenz des Wirbels in Richtung abnehmender Wassertiefe.

Eine dynamische Deutung dieses Beobachtungsbefundes vermittelt die Gleichung für die potentielle Vorticity. Aus der Konstanz dieser Größe ergibt sich, daß ein Gradient der Wassertiefe auf Strömungsvorgänge die gleiche Wirkung ausübt*) wie ein Gradient der Vorticity des Bezugssystems. Letzterer Effekt kann im Rotationslabor nicht erzeugt werden, er spielt jedoch in der Dynamik großräumiger Bewegungsvorgänge in Ozean und Atmosphäre durch die Änderung des Coriolisparameters (ß-Effekt) eine herausragende Rolle. Dieser ß-Effekt ist deshalb auch eingehend untersucht worden und führte u. a. auf die bekannte von Rossby stammende Beziehung für die Verlagerung der "Langen Wellen". Die Äquivalenz einer sich ändernden Wassertiefe zum ß-Effekt, die letztlich beide auf individuellen Flächenänderungen der Massen beruhen, kann nun dazu benutzt werden, um letzteren auch im Rotationslabor zu simulieren (van Arx, 195o). Hiermit soll nicht gesagt werden, daß in der Atmosphäre oder im Ozean nur der ß-Effekt von Bedeutung ist. Auch hier spielt der Gradient der Schichtmächtigkeit eine

---

*) Knolle nennt diesen Effekt γ-Effekt.

Rolle. Raethjen, 1954, hat auf die dynamische Wirkung der von der Frontalzone nach Süden hin auseinanderlaufenden Isentropenflächen hingewiesen, die vertikale Dehnungen oder Schrumpfungen - d. h. horizontale Vergenzen - der meridional vorstoßenden Luftmassen hervorrufen. Hierauf ist die Theorie der "Einschubwelle" begründet, die auch die Eigenschaften der kürzeren Wellen erklärte. Raethjen gelangt dabei zu einem der Rossby-Formel sehr ähnlichen Ausdruck, in dem im wesentlichen die Änderung des Abstandes zweier Isentropenflächen anstelle des ß-Terms erscheint. Die Ergebnisse von Knolle zeigen gute qualitative Übereinstimmung mit einer Beziehung für die Wirbelverlagerung, die im Prinzip ähnlich aufgebaut ist wie die Formel von Raethjen. Danach ist die Wirbeldrift dem Quadrat des Wirbelradius und dem Gradient der Wassertiefe proportional und besitzt eine Richtung senkrecht zum Gradienten.

In der vorliegenden Arbeit soll die Verlagerung singulärer Wirbel näher untersucht werden. Hierzu wurde einmal das Problem in Rechenmodelle übersetzt, die näherungsweise sowohl auf die Verhältnisse im Rotationslabor als auch in der Atmosphäre zutreffen und hier die aktuelle Frage nach der Verlagerung tropischer Wirbelstürme berühren. Die Rechenmodelle werden einmal analytisch behandelt, um allgemeine Aussagen über den Einfluß verschiedener Parameter zu gewinnen; das ist jedoch wegen der Nichtlinearität der Gleichungen nur in beschränktem Maße möglich, deshalb werden zum anderen numerische Verfahren zur Integration der Gleichungen herangezogen.

II. Die Rechenmodelle

Der rechnerischen Behandlung des Problems der Wirbelverlagerung liegen die Gleichungen für eine barotrope, im hydrostatischen Gleichgewicht stehenden Flüssigkeit mit verschwindender vertikaler Geschwindigkeitsscherung zugrunde. Dieses Rechenmodell ist das sogenannte barotrope Modell, welches mit oder ohne horizontale Geschwindigkeitsdivergenz für die "barotrope" Wettervorhersage verwandt wird. Für die numerische Behandlung wurden die Bewegungsgleichungen und die Kontinuitätsgleichung benutzt, für die analytische dagegen erschien es vorteilhafter, von der

Gleichung für die potentielle Vorticity auszugehen. Die Bewegungsgleichungen und die über die Tiefe integrierte Kontinuitätsgleichung besitzen folgende Form:

$$\frac{\partial u}{\partial t} = -u\frac{\partial u}{\partial x} - v\frac{\partial u}{\partial y} + fv - \frac{\partial \phi}{\partial x}$$

$$(1) \qquad \frac{\partial v}{\partial t} = -u\frac{\partial v}{\partial x} - v\frac{\partial v}{\partial y} - fu - \frac{\partial \phi}{\partial y}$$

$$\frac{\partial \phi}{\partial t} = -g\frac{\partial (hu)}{\partial x} - g\frac{\partial (hv)}{\partial y} + gw_o$$

Dabei bedeuten:
u, v die Komponenten der Geschwindigkeit in x-, y-Richtung; t die Zeit; ϕ das Geopotential der Flüssigkeitsoberfläche relativ zum mittleren Niveau; $f = f_o + \beta y$ der Coriolisparameter bzw. die Wannenrotation (doppelte Winkelgeschwindigkeit 2ω der Wanne) im Rotationslabor; $h = H + \frac{\phi}{g}$ die vertikale Mächtigkeit der Flüssigkeit vom Boden bis zur Oberfläche (s. Abb. 1); g die Erdbeschleunigung bzw. im Rotationslabor den Betrag der Vektorsumme von Erdbeschleunigung plus Zentrifugalbeschleunigung.

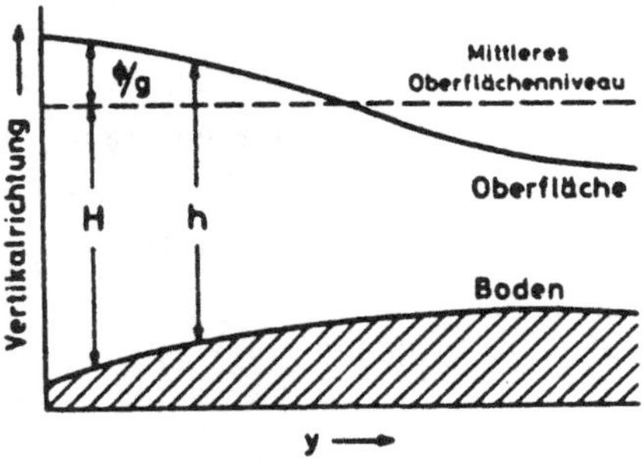

Abb. 1

Graphische Darstellung über den Zusammenhang zwischen h, H und ϕ/g

$w_o = w_o(x, y, t)$ ist die Geschwindigkeit der aus den Quellen und Senken am Boden fließenden Flüssigkeitsmasse. Diese Quellen und Senken werden teilweise dazu benutzt - wie im Experiment von Knolle - zyklonale (antizyklonale) Wirbel durch Absaugen (Ausstoßen) von Flüssigkeit zu erzeugen.

Die Flüssigkeit, deren dynamisches Verhalten mit den Gleichungen (1) untersucht werden soll, sei eingeschlossen zwischen zwei zur x-Achse parallelen Wänden. Die Geometrie ist also die eines Kanals, und zwar in der Art eines in sich geschlossenen Kanalringes. Dieses Modell ermöglicht, die Verhältnisse sowohl in der Atmosphäre als auch im Rotationslabor näherungsweise nachzuahmen.

In bezug auf die Atmosphäre kann man die Begrenzungen längs zweier Breitkreise verlaufen lassen; in diesem Fall soll die x-Achse nach Osten, die y-Achse nach Norden weisen. Im Rotationslabor wären die beiden Zylinderwände, zwischen denen sich das Wasser befindet, gleichzusetzen mit den Begrenzungen im Rechenmodell. In jedem Fall sind in den Gleichungen die aus der Geometrie folgenden Krümmungen, sei es der Flüssigkeitsoberfläche oder der Ränder, vernachlässigt, so daß ein kartesisches Koordinatensystem zugrunde gelegt werden kann. Diese Vernachlässigungen dürften keine große Bedeutung besitzen, zumal davon ausgegangen wird, daß die zu untersuchenden Wirbel durch die Begrenzungen nicht beeinflußt werden. Im Hinblick auf das Rotationslabor soll die x-Achse tangential in Drehrichtung, die y-Achse radial zum Drehzentrum hin gerichtet sein. Das numerische Verfahren zur Integration der Gleichungen (1) ist als Verfahren III in G. Fischer und R. W. Ehlers, 1967, beschrieben.

Zur analytischen Behandlung des vorliegenden Problems eignet sich die aus (1) folgende Gleichung für die potentielle Vorticity η/h der barotropen Flüssigkeit am besten. Diese Gleichung lautet (mit $w_o = 0$)

$$\frac{d}{dt}\left(\frac{\eta}{h}\right) = 0. \tag{2}$$

mit $\eta = \zeta + f$ als absoluter Vorticity

und $\zeta = \frac{\partial v}{\partial x} - \frac{\partial u}{\partial y}$ als relativer Vorticity.

Die obige Gleichung besagt, daß die potentielle Vorticity $\frac{\eta}{h}$ längs einer Trajektorie konstant ist bzw., daß die zeitliche Änderung der relativen Vorticity am festen Ort der Advektion der potentiellen Vorticity gleich ist, und somit auch von dem Gradienten der externen Größen f und

H abhängt.

Für die weitere Behandlung wollen wir (2) in folgender Form schreiben:

$$(3)\quad \frac{\partial \zeta}{\partial t} - \frac{\eta}{gh}\frac{\partial \varphi}{\partial t} = -\left(u\frac{\partial \zeta}{\partial x} + v\frac{\partial \zeta}{\partial y}\right) + \frac{\eta}{gh}\left(u\frac{\partial \varphi}{\partial x} + v\frac{\partial \varphi}{\partial y}\right) - v\left(\beta - \frac{\eta}{h}\frac{\partial H}{\partial y}\right) - \frac{\eta}{h} w_o$$

In (3) ist vorausgesetzt worden, daß H nur eine Funktion von y sei (siehe Abb. 1); ferner wurde das aus der 3. Gleichung von (1) stammende w_o-Glied berücksichtigt. In Gleichung (3) ist deutlich die Äquivalenz des Einflusses von ß und $\frac{\eta}{h}\frac{\partial H}{\partial y}$ zu erkennen. Im folgenden wollen wir deshalb

$$(4)\quad \left(\beta - \frac{\eta}{h}\frac{\partial H}{\partial y}\right) \equiv \beta^*$$

definieren.

β^* ist im wesentlichen bestimmt durch den Gradienten:

$$H \frac{\partial}{\partial y}\left(\frac{f}{H}\right)$$

Der Aufbau eines Wirbels aus einem in Ruhe befindlichen Anfangsfeld ($u = v = 0$) geschieht, wie schon erwähnt wurde, im Rotationslabor wie auch teilweise in den numerischen Rechnungen mit Hilfe von Quellen und Senken, symbolisiert durch das w_o-Glied auf der rechten Seite der Gleichung (3). Man erkennt, daß zur Entstehung eines zyklonalen Wirbels ($\partial \zeta/\partial t > 0$) und Tiefdruckgebietes ($\partial \varphi / \partial t < 0$), $w_o < 0$ (Absaugen) in einem gewissen Bereich sein muß. Umgekehrt wird ein antiyzklonaler Wirbel durch ein $w_o > 0$ gebildet. Der Aufbau beider Wirbel geht jedoch unterschiedlich vor sich, da w_o mit dem "Gewicht" η/h versehen ist. Hierdurch ist es zwar möglich, eine fast beliebig große zyklonale Vorticity durch ein negatives w_o, jedoch durch ein positives w_o nur eine antizyklonale Vorticity, die dem Betrage nach f nicht übersteigt, zu erzeugen. Mit anderen Worten, die Erzeugung eines Wirbels mit negativer absoluter Vorticity ist im vorliegenden Modell (wie auch in Knolles Experimenten) ausgeschlossen. Die Bildung von Wirbeln nach diesem Prinzip in den numerischen Rechnungen besitzt den Vorteil, daß man gut aneinander angeglichene Druck- und Stromfelder erhält, die nur relativ kleine Lärmstörungen aufweisen. Um jedoch die numerischen Rechnungen mit theoretischen Überlegungen direkt vergleichen zu können, war es notwendig, analytische Ausdrücke für das Wirbelfeld zu benutzen. In diesem Fall wurde anfänglich die Gradientwindbeziehung zwischen Druck- und Stromfeld vorgegeben.

III. Analytische Betrachtungen zur Drift singulärer Wirbel

Dem Problem der Zyklonenverlagerung in der Atmosphäre wurde seit Anbeginn der meteorologischen Forschung großes Interesse entgegengebracht. Das gilt besonders für die tropischen Zyklonen, die Hurrikane und Taifune, die wegen ihrer zerstörenden Wirkung den Aufbau von Warnsystemen dringend erforderlich machten. Hierzu war es notwendig, die Zugrichtung und Zuggeschwindigkeit vorauszubestimmen, nachdem die Zyklone das erste Mal lokalisiert war. Über die teils empirischen, teils theoretischen Methoden, mit denen die Bewegung der Wirbelstürme vorausbestimmt wurden und werden, existiert eine umfangreiche Literatur. Einen Überblick gibt das kürzlich veröffentlichte Referat von R. C. Gentry, 1963.

Was an dieser Stelle interessiert, sind die theoretischen Untersuchungen. Hier seien u.a. die Arbeiten von Rossby, 1948, Kuo, 1950, Yeh, 1950, Adem, 1956, Kasahara, 1957, Kasahara, 1959, und Morikawa, 1960, genannt, die als Grundlage der folgenden Ausführungen dienen sollen.

Die Praxis der numerischen Wettervorhersage hat gezeigt, daß die Einführung der geostrophischen Beziehung für die Geschwindigkeitskomponenten und die Vorticity in (3) zu einer Vorhersagegleichung in ϕ führt, deren Ergebnisse sich von denen des Systems (1) nicht wesentlich unterscheidet. Dieses Modell ist als quasigeostrophisches divergentes Modell bekannt (vergl. Thompson, 1960). Mit Hilfe der geostrophischen Beziehung

$$(5) \qquad u = -\frac{1}{f_0}\frac{\partial \phi}{\partial y}\,; \quad v = \frac{1}{f_0}\frac{\partial \phi}{\partial x}$$

geht (3) über in (für $w_0 = O$):

$$(6) \quad \frac{\partial}{\partial t} \nabla^2 \phi - \frac{\lambda^2}{R^2} \frac{\partial \phi}{\partial t} = \frac{1}{f_0} \left(\frac{\partial \phi}{\partial y} \frac{\partial}{\partial x} \nabla^2 \phi - \frac{\partial \phi}{\partial x} \frac{\partial}{\partial y} \nabla^2 \phi \right) - \beta^* \frac{\partial \phi}{\partial x}$$

mit $\frac{\lambda^2}{R^2} = \frac{f_0 \eta}{gh}$, R = Konstante mit der Dimension einer Länge.

Angenommen, zu irgendeiner Zeit, z.B. $t = O$, sei ein kreissymmetrisches Druckgebilde in einem unendlich ausgedehnten Gebiet vorgegeben, so daß $\phi = \phi_0 \cdot F(\frac{r}{R})$ ist. Sei $r = \sqrt{x^2 + y^2}$ die Koordinate in radialer Richtung vom Zentrum $r = O$ des Druckgebildes aus gesehen, ϕ_0 das Geopotential im Zentrum und $F(\frac{r}{R})$ eine Funktion mit den Eigenschaften $F(o) = 1$ für $r = O$ und $F(\frac{r}{R}) \to O$ für $r \to \infty$.

Setzt man dieses Druckfeld in die rechte Seite von (6) ein, so kann man die Tendenz $\frac{\partial \phi}{\partial t}$ bestimmen und daraus Rückschlüsse über die Verlagerung dieses Wirbels zur Zeit $t = O$ ziehen. Wegen der vorausgesetzten Kreissymmetrie verschwinden die Glieder in der Klammer von (6). Betrachtet man ferner sowohl λ^2 als auch β^* als konstante Parameter, so ergibt sich die Tendenz $\frac{\partial \phi}{\partial t}$ aus der Helmholtz-Gleichung zur Zeit $t = O$:

$$(7) \quad \left(\nabla^2 - \frac{\lambda^2}{R^2}\right) \frac{\partial \phi}{\partial t} = - \frac{\beta^* \phi_0}{R} \cdot \frac{x}{r} F' \; ; \; \left(F'(z) \equiv \frac{\partial F}{\partial z}\right).$$

Ist die Tendenz $\frac{\partial \phi}{\partial t}$ mit ihren Ableitungen nach x und y bekannt, so lassen sich die Verlagerungskomponenten des Druckzentrums – definiert durch

$$\frac{\partial \phi}{\partial x} = O, \quad \frac{\partial \phi}{\partial y} = O \text{ für } r = O \quad -$$

aus der kinematischen Beziehung - (siehe Petterssen, 1956)

$$(8) \quad c_x = - \frac{\partial^2 \phi / \partial x \partial t}{\partial^2 \phi / \partial x^2} \qquad x = y = O$$

$$c_y = - \frac{\partial^2 \phi / \partial y \partial t}{\partial^2 \phi / \partial y^2}$$

bestimmen.

Die Lösung von (7) lautet:

$$(9) \qquad \frac{\partial \phi}{\partial t} = \frac{R \beta^*}{2\pi} \phi_0 \int_0^{2\pi} \int_0^{\infty} F'(\rho) K_0(\lambda s) \cos\varphi \, \rho \, d\rho \, d\varphi$$

mit $s^2 = \frac{(x-x')^2}{R^2} + \frac{(y-y')^2}{R^2}$, $\rho^2 = \frac{x'^2}{R^2} + \frac{y'^2}{R^2}$, $\operatorname{tg}\varphi = \frac{y'}{x'}$

K_0 ist die modifizierte Bessel'sche Funktion 2. Art von der Ordnung O.

Aus (9) folgt nach einigen Umformungen für das Zentrum $r = 0$ $(x = y = 0)$:

$$(10a) \qquad \frac{\partial^2 \phi}{\partial x \partial t} = -\frac{\beta^* \phi_0}{2} \left\{ 1 - \int_0^{\infty} \lambda^2 F(\rho) K_0(\lambda \rho) \rho \, d\rho \right\}$$

$$\frac{\partial^2 \phi}{\partial y \partial t} = 0 \qquad \text{für } t = 0$$

und somit

$$(10b) \qquad c_x = \frac{\beta^*}{\nabla^2 F} \left\{ 1 - \int_0^{\infty} \lambda^2 F(\rho) K_0(\lambda \rho) \rho \, d\rho \right\}$$

$$c_y = 0 \qquad \text{für } t = 0$$

Das Integral in (10) für $\frac{\partial^2 \phi}{\partial x \partial t}$ bzw. c_x besitzt die Grenzwerte: $+1$ für $\lambda^2 \to \infty$, 0 für $\lambda^2 = 0$. Damit ist also $\frac{\partial^2 \phi}{\partial x \partial t}$ im Kern eines Tiefdruckgebietes $(\phi_0 < 0)$ positiv, wenn β^* positiv ist, d.h. die anfangs dort herrschende Windstille wird wegen $\frac{\partial \phi}{\partial x \partial t} = f_0 \frac{\partial v}{\partial t}$ gemäß (5) durch eine in positive y-Richtung wehende Windkomponente ersetzt, wodurch das Zentrum selbst nach (10b) in negativer x-Richtung versetzt erscheint. Das ist auch der Inhalt der kinematischen Beziehungen (8). Eine Verlagerung des Zentrums in y-Richtung erfolgt hingegen zunächst nicht.

Auf die Verhältnisse in der Atmosphäre übertragen, besagt unser Ergebnis (10), daß mit $\beta^* = \beta > 0$ ein singuläres kreissymmetrisches Tiefdruckgebiet in einer ruhenden (relativ zum Bezugssystem) Umgebung auf der Nordhalbkugel eine Verlagerungstendenz nach Westen zeigen sollte. Ein Hochdruckgebiet besitzt ebenfalls eine Verlagerungstendenz nach Westen. Um zu quantitativen Aussagen zu gelangen, sei angenommen, daß die Funktion F folgendes Aussehen besitze:

$$F\left(\frac{r}{R}\right) = e^{-(r/R)^2} \tag{11}$$

Damit wird aus (10b)

$$c_x = -\frac{\beta \cdot R^2}{4}\, g(\lambda^2)\ ; \quad c_y = 0 \qquad \text{für } r = 0,\ t = 0 \tag{12}$$

mit $$g(\lambda^2) = \left\{ 1 - \frac{\lambda^2}{4}\, e^{\lambda^2/4}\, E_1\left(\frac{\lambda^2}{4}\right) \right\}$$

wobei $$E_1(z) = \int_z^\infty e^{-\tau}\, \frac{d\tau}{\tau}$$

das Exponentialintegral bedeutet.

Es wurde bereits erwähnt, daß mit wachsendem λ^2 allgemein eine Verminderung des Betrages der Driftgeschwindigkeit einhergeht. Im besonderen Falle des durch (11) definierten Wirbels ergeben sich folgende Werte für $g(\lambda^2)$:

λ^2	$g(\lambda^2)$
0.0	1.00
0.5	0.72
1.0	0.66
1.5	0.59
2.0	0.54
2.5	0.50

Für atmosphärische Wirbel liegt λ^2 unterhalb Eins, wenn man die sehr extrem gegriffenen Werte $|f \cdot \eta| < 2 \cdot 10^{-8}\ \sec^{-2}$ $R < 1000$ km, $h > 2$ km zugrunde legt. Daraus folgt, daß hier der Beitrag von λ^2 in den meisten Fällen vernachlässigt werden kann. Für die im Rotationslabor untersuchten

Wirbel wurde $\lambda^2 \sim 0.5$ ermittelt.

Eine Vernachlässigung von λ^2 hat zur Folge, daß die grundlegende Differentialgleichung (7) in eine einfacher zu lösende Poissongleichung übergeht, da das zweite Glied auf der linken Seite verschwindet. Das damit verbundene physikalische Modell ist das einer divergenzfreien Flüssigkeit, in der keine horizontale Massendivergenz auftritt. Dieses divergenzfreie Modell spielte in der numerischen barotropen Wettervorhersage ebenfalls eine große Rolle.

Wir wollen im folgenden die Frage diskutieren, inwieweit das gefundene Ergebnis in bezug auf die Wirbelverlagerung zum Zeitpunkt $t = 0$ auch für den weiteren zeitlichen Verlauf gültig bleibt. Da unser Resultat allgemein für kreissymmetrische Wirbel gilt, ist hierfür notwendig, daß diese Symmetrie erhalten bleibt; d. h. der Wirbel muß ohne Veränderung seiner Figur wandern.

Es ist leicht aus (7) (mit $\lambda^2 = 0$) zu erkennen, daß das Vorticityzentrum, definiert durch

$$\nabla^2 \frac{\partial \varphi}{\partial x} = 0, \quad \nabla^2 \frac{\partial \varphi}{\partial y} = 0 \text{ für } r = 0,$$

zwar in die gleiche Richtung wie das Druckzentrum wandert, nämlich in Richtung positiver (negativer) Änderung der relativen Vorticity beim zyklonalen (antizyklonalen) Wirbel. Die Geschwindigkeit, mit der das Vorticityzentrum zieht, ist jedoch nur 1/2 so groß wie die des Druckzentrums. Daraus ist schon zu schließen, daß die anfängliche Kreissymmetrie nicht erhalten bleibt, solange $\beta^* \neq 0$ ist.

Um diesen Sachverhalt quantitativ zu erfassen, verwenden wir das divergenzfreie Modell und wählen für $F(\frac{r}{R})$ die Beziehung (11). Dann folgt aus (7) (mit $\lambda^2 = 0$) als Lösung (siehe Adem, 1956):

$$(13) \qquad \frac{\partial \varphi}{\partial t} = -\beta^* \frac{R^2}{2} \varphi_0 \frac{x}{r^2} (1 - e^{-(r/R)^2}) \text{ für } t = 0.$$

Hieran ist zu erkennen, daß die Tendenz zu einer Asymmetrie in bezug auf die x-Richtung besteht, und zwar hauptsächlich infolge einer Überlagerung des Wirbelsystems mit einer v-Komponente der Geschwindigkeit.

In der Nähe von $r = 0$ erhält man nämlich aus (13)

$$(14)\quad \begin{aligned} \frac{\partial^2 \phi}{\partial x \partial t} &= f_o \frac{\partial v}{\partial t} = - \frac{\beta^* \phi_o}{2} \left\{1 - \frac{1}{2}\left(\frac{r}{R}\right)^2 - \left(\frac{x}{R}\right)^2\right\} \\ \frac{\partial^2 \phi}{\partial y \partial t} &= - f_o \frac{\partial u}{\partial t} = + \frac{\beta^* \phi_o}{2 R^2} xy \qquad \text{für } t = 0 \end{aligned}$$

(14) geht über in (10a) für $r = 0$ und $\lambda^2 = 0$. Außer der Überlagerung mit einer v-Komponente, deren Linien gleicher Geschwindigkeit um das Zentrum herum Ellipsenform besitzen, entsteht auch eine u-Komponente mit relativ geringem Betrag, deren Linien gleicher Geschwindigkeit Hyperbelform aufweisen. Für eine atmosphärische Zyklone auf der Nordhalbkugel folgt hieraus eine anfängliche Zunahme der Geschwindigkeit östlich des Zentrums (und im Zentrum selbst) und eine Abschwächung westlich des Zentrums (auf der "Vorderseite").

Mit dieser Umstellung in der Strömungsverteilung des Wirbels muß auch eine Änderung seiner Verlagerungsgeschwindigkeit und -richtung einhergehen. Um diese zu errechnen, soll die zweite Tendenz $\partial^2 \phi / \partial t^2$ mit Hilfe der nach der Zeit differenzierten Gleichung (6) (mit $\lambda^2 = 0$) bestimmt und daraus die Änderung der Wirbeldrift ermittelt werden. Die dabei in (6) auf der rechten Seite auftretenden Tendenzen $\partial \phi / \partial t$ mit ihren Ortsableitungen ergeben sich dabei aus (13). Die nichtlinearen Terme verschwinden jetzt nicht mehr. Man erhält für das Zentrum

$$(15)\quad \frac{\partial^3 \phi}{\partial y \partial t^2} = \frac{\beta^* \phi_o^2}{f_o R^2} \left\{1 - 2 \ln 2\right\} \quad \text{und} \quad \frac{\partial^3 \phi}{\partial x \partial t^2} = 0$$

woraus

$$\frac{\partial c_x}{\partial t} = 0; \quad \frac{\partial c_y}{\partial t} = - 0{,}19 \frac{\beta^* \phi_o}{f_o} \qquad \text{für } t = 0,\ r = 0 \quad \text{folgt.}$$

Unser nach Westen wandernder zyklonaler Wirbel wird also nach rechts abgelenkt, wenn $\beta^* > 0$. Auf die Atmosphäre übertragen, erhält die anfangs kreissymmetrische Zyklone also eine Verlagerungskomponente nach Norden. Kinematisch gesehen erfolgt diese Tendenz aufgrund des Steuerungseffekts, den die überlagerte v-Komponente der Geschwindigkeit nach Gleichungen (13) oder (14) auf das System ausübt bzw. - was dasselbe aussagt - durch eine entstehende u-Komponente gemäß Gleichung (15). Auf diesen Tatbestand wies schon Adem 1956 hin.

Daß ein derartiger singulärer Wirbel in der Atmosphäre eine meridionale Verlagerungstendenz zeigen wird, wurde bereits von Rossby, 1948, vermutet. Er argumentierte folgendermaßen: "Ist in der Atmosphäre ein Wirbel mit kreissymmetrischer Strömung vorhanden, so wirkt auf seine Massen im Mittel eine nach Norden gerichtete Kraft als Resultierende der von der geographischen Breite abhängigen Corioliskraft. Diese Kraft führt zu einer Beschleunigung des Systems nach Norden." Ähnliche Verhältnisse werden durch eine sich meridional ändernde Massenmächtigkeit H geschaffen. Man kann diesen Sachverhalt, ähnlich wie Rossby es tat, leicht aus der zweiten Gleichung in (1) errechnen. Führt man eine Stromfunktion ψ ein, die verschwindende horizontale Massendivergenz gewährleistet, wobei also

$$(16) \qquad hu = -\frac{\partial\psi}{\partial y}, \quad hv = \frac{\partial\psi}{\partial x}$$

ist, und integriert über das endliche Wirbelgebiet mit der Fläche F, so erhält man unter Berücksichtigung der Kreissymmetrie für ψ und unter der Voraussetzung $H = H(y)$ mit großer Näherung:

$$(17) \qquad \iint_F \frac{dv}{dt}\, dx\, dy = \iint_F \frac{\partial v}{\partial t}\, dx\, dy = -\iint_F \frac{\psi}{h}\, \beta^* \, dx\, dy$$

Exakt folgt das obige Ergebnis, wenn die Stromfunktion geostrophisch mit $\psi = \frac{\phi h}{f_o}$ angesetzt wird. Dann erhält man die Beziehung (17) auch aus der Differentialgleichung (6) mit $\lambda^2 = 0$, welche ursprünglich unseren Betrachtungen über die Wirbeldrift zugrunde lag. Man verifiziert leicht aus (17) die Aussage, daß ein zyklonaler Wirbel ($\psi < 0$) in Richtung wachsenden y beschleunigt wird, wenn $\beta^* > 0$ ist.

Ebenso läßt sich unter denselben Voraussetzungen aus der ersten Gleichung in (1) zeigen, daß

$$(18) \qquad \iint_F \frac{du}{dt}\, dx\, dy = \iint_F \frac{\partial u}{\partial t}\, dx\, dy = 0$$

Man kann also folgern, daß die Resultierende der Corioliskraft (wir beschränken uns hier der Einfachheit halber auf den ß-Effekt) die Massen eines kreissymmetrischen Wirbels meridional beschleunigt, und zwar nach Norden bei einer Zyklone, nach Süden bei einer Antizyklone (Nordhalbkugel) (siehe auch Flohn, 1953). Diese Beschleunigung bewirkt eine zeitliche Änderung der Geschwindigkeitskomponente v. Diese überlagert sich dem ursprünglichen Wirbel mit dem Ergebnis, daß er gemäß (8) zonal versetzt wird und im weiteren Verlauf meridional gesteuert wird. Der Wirbel selbst erhält eine asymmetrische Form als Folge der Überlagerung mit dem entstehenden Geschwindigkeitsfeld, welches wir als Translationsfeld bezeichnen werden. Wieweit sich diese Aussagen zeitlich extrapolieren lassen, welche Richtung und Geschwindigkeit der Wirbel letztlich also besitzen wird, kann hier nicht bestimmt werden. Zur Klärung dieser Frage dienen die Resultate der numerischen Integration.

Allgemein kann man die Verlagerung nichtsymmetrischer Wirbel so bestimmen, daß sie, in einen kreissymmetrischen und einen translatorischen Anteil aufgespalten, in die Gleichung (6) mit $\lambda^2 = 0$ eingesetzt werden. Nach diesem Prinzip ist Kasahara, 1957, vorgegangen, um die Verlagerung tropischer Wirbelstürme vorherzusagen. Er nahm dabei an, daß die Komponenten der Translationsbewegung folgendermaßen dargestellt werden können:

$$(19) \qquad \bar{u} = \sum_{n=0}^{3} \sum_{m=0}^{3} a_{n,m}\, x^n y^m \qquad \bar{v} = \sum_{n=0}^{3} \sum_{m=0}^{3} b_{n,m}\, x^n y^m$$

wobei die $a_{n,m}$ und $b_{n,m}$ beliebige Koeffizienten sind, jedoch der Bedingung

$$\frac{\partial \bar{u}}{\partial x} + \frac{\partial \bar{v}}{\partial y} = 0$$

genügen.

Die Durchführung der Rechnung ergab für die Wirbeldrift entsprechend Gleichung (8) und mit $\emptyset = \emptyset_o \cdot F(\frac{r}{R})$ als dem kreissymmetrischen Anteil:

$$(2o) \qquad c_x = \bar{u} + \frac{\beta^* + \frac{\partial \zeta}{\partial y}}{\nabla^2 F} \qquad c_y = \bar{v} - \frac{\frac{\partial \zeta}{\partial x}}{\nabla^2 F} \qquad \text{für } r = 0$$

Die Wirbeldrift setzt sich also im wesentlichen zusammen aus einer "internen" Drift des kreissymmetrischen Anteils, wie sie bereits früher in (10b) errechnet wurde, plus einer überlagerten Drift, verursacht durch die Translationsbewegung.

Bei Anwendung auf unser früher gebrachtes Beispiel erhielte man aus (13) bzw. (14), falls

$$\frac{\partial v}{\partial t} = \frac{\partial \bar{v}}{\partial t}, \quad \frac{\partial u}{\partial t} = \frac{\partial \bar{u}}{\partial t}$$

als neu entstehende Translationsbewegung für t = O aufgefaßt wird gemäß (2o)

$$(21) \qquad \frac{\partial c_x}{\partial t} = 0 \qquad \frac{\partial c_y}{\partial t} = \frac{\partial \bar{v}}{\partial t} = -\frac{1}{2}\frac{\beta^*}{f_o}\emptyset_o \qquad \text{für } r = 0.$$

Dieses Ergebnis steht nicht ganz im Einklang mit (15). Die Ursache liegt darin, daß die für die Gültigkeit von (2o) geforderte Verteilung der Translationsbewegung in x und y gemäß (19) nicht auf unser Beispiel zutrifft; denn hier ist $\frac{\partial \bar{v}}{\partial t}$, wie es aus (13) folgt, ähnlich wie das ursprüngliche Geschwindigkeitsfeld, eine mit wachsendem Radius rasch abnehmende Funktion, die die Form besitzt:

$$(22) \qquad \frac{\partial v}{\partial t} = -\frac{\beta^* \emptyset_o}{2 f_o}\frac{R^2}{r^2}\left(1 - 2\frac{x^2}{r^2}\right)\left(1 - e^{-(r/R)^2}\right) + \frac{2x^2}{R^2} e^{-(r/R)^2}$$

Dahingegen verschwindet $\bar{u}$ und $\bar{v}$ in (19) im Unendlichen nicht. In unserem Beispiel schafft sich der Wirbel mit der Zeit sein eigenes Translationsfeld, das auf das Gebiet des Wirbels beschränkt bleibt und das letztlich allein von $ß^*$ abhängt.

Wie bei der Diskussion der Gleichung (2) für die potentielle Vorticity bemerkt wurde, ändert sich die relative Vorticity eines Wirbels bei einer Advektion der nur vom Orte abhängigen Größe $\frac{f}{H}$, d.h. bei einer Verlagerung des Wirbels selbst in Richtung des Gradienten von $\frac{f}{H}$. Die "meridionale" Verlagerung des Wirbels nach (15) erfolgt in jedem Fall so, daß der Betrag der Wirbelstärke dabei abnimmt. Hierauf wies auch Rossby, 1948, in seiner schon zitierten Arbeit hin. Im Hinblick auf eine kreissymmetrische "barotrope" Zyklone schreibt er: "The vortices analyzed above are unstable in the sense that they must undergo a continuous displacement and decrease in energy until their rotational energy has been converted into translational energy". Die Energie des kreissymmetrischen Anteils soll also sukzessive in die Energie der Translationsbewegung übergehen. Das Auftreten einer zonalen Bewegungskomponente wurde von Rossby übrigens nicht in Betracht gezogen.

Wenn ein kreissymmetrischer Wirbel mit $ß^* \neq 0$ weder stabil noch stationär sein kann, so wäre interessant zu errechnen, wie ein stabiler und stationärer Wirbel aufgebaut sein müßte. Hiermit hat sich E. Høiland, 1950, befaßt.

Was die Experimente im Rotationslabor anbelangt, so ergab dort die Wirbelverlagerung eine qualitative Übereinstimmung mit den in diesem Abschnitt abgeleiteten Beziehungen. Da es jedoch schwierig ist, die einzelnen Parameter, die in die Gleichungen eingehen, mit ausreichender Genauigkeit zu messen, ist ein erfolgreicher quantitativer Vergleich nicht möglich.

IV. Ergebnisse der numerischen Rechnungen

Bei der Festlegung der Werte für die einzelnen Größen, die bei der numerischen Integration des Systems 1 eingehen, werden im wesentlichen atmosphärische Parameter zugrunde gelegt. Im einzelnen sind folgende Werte benutzt worden:

Länge des Kanals	$L = 4000$ km
Breite des Kanals	$B = 3000$ km
Tiefe der Flüssigkeit	$H = 1$ km
Coriolisparameter	$f_0 = 10^{-4}\ \sec^{-1}$
	$\beta = 1{,}5 \cdot 10^{-11}\ \sec^{-1}\ m^{-1}$
Gradient der Tiefe	$-\frac{\partial H}{\partial y} = \frac{H}{f_0} \cdot 1{,}5 \cdot 10^{-11}$
Zeitschritt	$\Delta t = 10^{3}$ sec
Erdbeschleunigung	$g = 10\ m/\sec^{2}$

Die drei abhängigen Variablen u, v und ϕ wurden jeweils an 620 Punkten eines quadratischen Gitternetzes in der x-, y-Ebene für jeden Zeitschritt errechnet. Die Ausgabe der Ergebnisse erfolgte nach jeweils 20 Zeitschritten. Die Struktur des Gitternetzes ist in Abb. 2 (rechts unten) angedeutet.

Zunächst sollen diejenigen Resultate behandelt werden, die mit einem anfänglich kreissymmetrischen Tiefdruckgebiet der Form (11), also

$$\phi = \phi_0\, e^{-(r/R)^2} \tag{23}$$

gewonnen wurden. Dabei soll der "Kerndruck" $\phi_0 = -1600\,(\frac{m}{\sec})^2$ und der "Radius" $R = 500$ km betragen. In diese Rechnung ging nur der β-Effekt ein, d. h. es war $\beta^* = \beta$. Mit dieser Wahl der anfänglichen Zyklonenform nach (23) ist ein direkter Vergleich mit den Befunden des vorigen Abschnittes möglich. Der Punkt $r = 0$ des Tiefdruckzentrums befand sich anfangs in der Mitte des Kanals. Die Geschwindigkeitskomponenten u und v zur Zeit $t = 0$ für das obenstehende Druckfeld wurden aus der Gradientwindbeziehung gewonnen (zyklostrophischer Wind). Diese Methode der anfänglichen Angleichung zwischen Druck- und Stromfeld erwies sich als

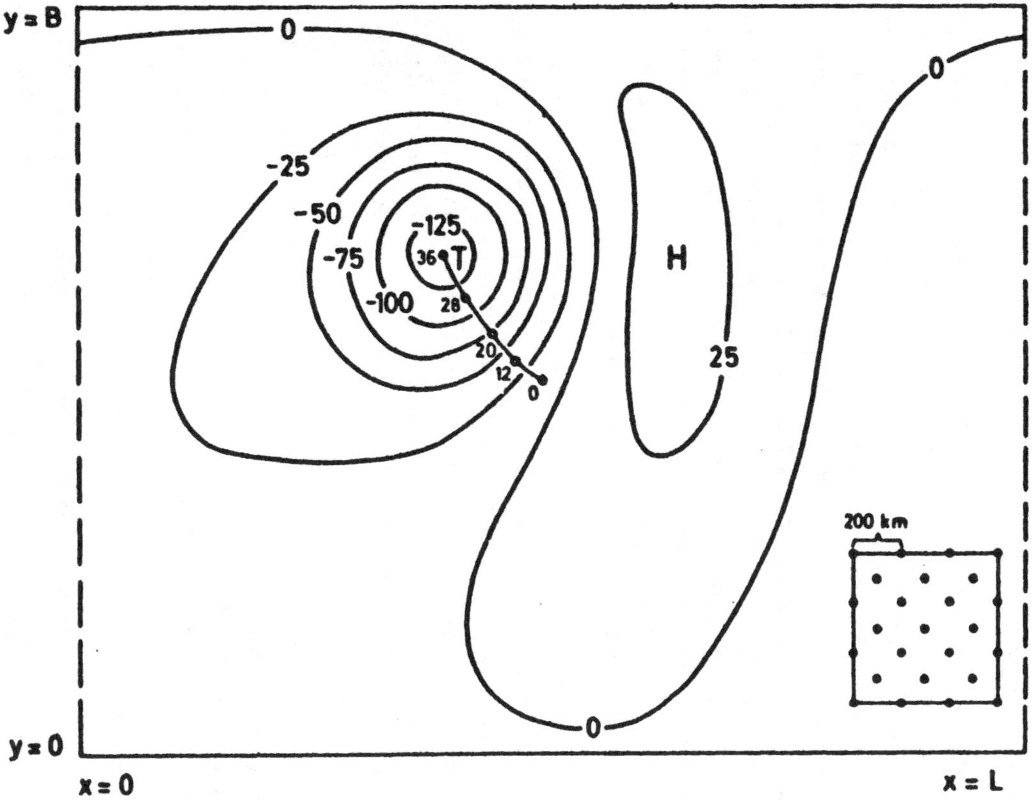

<u>Abb. 2:</u> Feld der Oberflächentopographie φ = const [dyn. m.] zur Zeit t = 36 · 10^4 sec und der bis dahin vom Wirbelzentrum zurückgelegte Weg. Die Zahlen an dieser Spurlinie geben die Zeiten [10^4 sec] der markierten Positionen an.

wesentlich günstiger als die einfachere geostrophische Approximation, da praktisch keine Lärmwellen auftraten. Die für Lärmwellen äußerst empfindlichen Felder für die Horizontaldivergenz zeigten dementsprechend auch keine schnellen zeitlichen Fluktuationen; die Beträge blieben immer unterhalb 10^{-6} sec^{-1}, während diese bei der zunächst verwendeten geostrophischen Annäherung beträchtlich waren.

Die große Frage ist nun: Welchen zeitlichen Veränderungen unterliegt das Tiefdruckgebiet, und wieweit stimmen diese mit den analytisch gewonnenen Ergebnissen des vorigen Abschnitts überein. Um einen Eindruck zu vermitteln, wie die anfangs kreissymmetrische Zyklone ihre Form gewandelt und welchen Weg sie zurückgelegt hat, diene die Abb. 2. Zu erkennen ist die Lage und Form des Tiefs nach 260 Zeitschritten = $26 \cdot 10^4$ sec, sowie die Spurlinie des zurückgelegten Weges. Die Zyklone befindet sich zu dieser Zeit noch so weit von der oberen Kanalberandung entfernt, daß letztere keinen merklichen Einfluß ausgeübt haben kann. Man darf also annehmen, daß das Verhalten des Wirbels dem in einem horizontal unendlich weit ausgedehnten Medium entspricht.

Was bei Betrachtung der Abb. 2 sofort auffällt, ist eine Asymmetrie des Wirbels: Auf seiner Nord-Ostseite ist ein stärkerer Druckgradient und damit eine höhere Windgeschwindigkeit zu beobachten als auf der Süd-Westseite. Die Bahn des Tiefdruckkerns zeigt eine allgemeine Richtung nach NW an. Diese qualitativen Aussagen entsprechen vollkommen den im vorigen Abschnitt gezogenen Folgerungen im Hinblick auf die anfänglichen Entwicklungstendenzen.

Eine konstante Zuggeschwindigkeit und/oder Zugrichtung wird augenscheinlich während des betrachteten Zeitraums nicht erreicht. Im Gegenteil, die Zuggeschwindigkeit wächst mit der Zeit, während die Zugrichtung nördlicher wird, so daß der Eindruck einer nach Norden gerichteten Beschleunigung entsteht; das stimmt gut mit den Aussagen Rossbys überein, die ebenfalls im vorigen Abschnitt diskutiert wurden.

Um diese Sachverhalte quantitativ genauer erfassen zu können, wurde aus den Feldern für u und v die Lage des Wirbelkerns mit u = v = O durch Interpolation bestimmt und aus seiner Versetzung die Verlagerungsgeschwindigkeit ermittelt. Im Hinblick auf die Beziehung (2o) für die Verlagerung des Wirbelzentrums spielt formal die durch das Translationsfeld $\bar{u}$, $\bar{v}$ bewirkte Steuerung eine große Rolle. Wie aus Abb. 2 hervorgeht, erhält der Wirbel mit der Zeit eine Asymmetrie, welche auf ein entstehendes Translationsfeld hindeutet. Um seine Größe und Bedeutung quantitativ erfassen zu können, wurde folgendermaßen vorgegangen: Der Extremwert von u auf der nördlichen und südlichen Hälfte (dort ist u negativ!) des Tiefdruckgebietes wurde gemittelt. Dieses Geschwindigkeitsmittel sollte eine annehmbare Näherung für die x-Komponente des Translationsfeldes in der Nähe des Wirbelkerns darstellen. In gleicher Weise wurde verfahren, um die y-Komponente des Translationsfeldes aus den Extremwerten von v östlich und westlich des Wirbelkerns zu erhalten; die Extremwerte liegen näherungsweise im Abstand $r = \frac{1}{2}\sqrt{2}\,R$ vom Zentrum entfernt. Eine ähnliche Methode hat E. Jordan, 1952, bei der Untersuchung tropischer Wirbelstürme und W. Klug, 1956, bei der Betrachtung hochreichender Zyklonen in den gemäßigten Breiten benutzt. Beide Autoren gelangen zu dem Ergebnis, daß die Zyklonen im wesentlichen durch das so bestimmte Translationsfeld gesteuert werden, wobei die Frage der Entstehung dieses Feldes nicht behandelt wurde. Allgemein scheint die Ansicht vorzuherrschen, daß das Translationsfeld a priori vorhanden ist und nur kinematisch, nicht dynamisch mit dem Wirbel verbunden ist.

Die Resultate unserer Auswertung sind in Abb. 3 aufgetragen. Sie zeigt - in Komponenten zerlegt - als Funktion der Zeit die Verlagerungsgeschwindigkeit des Kerns sowie die Geschwindigkeit des Translationsfeldes in Kernnähe an. Wegen der notwendigen Interpolationen und Differenzbildungen streuen die einzelnen Werte um die jeweils mittleren Kurven. Diese neigen sich, was schon vorher angedeutet wurde, keinen "Sättigungswerten" zu, vielmehr wachsen die einzelnen Komponenten während des gesamten Zeitraums.

Augenscheinlich kann in diesem Beispiel die Wirbelverlagerung nicht allein als Folge der Steuerung durch das Translationsfeld erklärt werden, das ist nach (2o) auch nicht zu erwarten. Aber auch die aus der Beziehung (2o) zu errechnende Verlagerung vermag keine vollkommene Übereinstimmung mit den Ergebnissen der Abb. 3 zu erbringen. In Bezug auf die y-

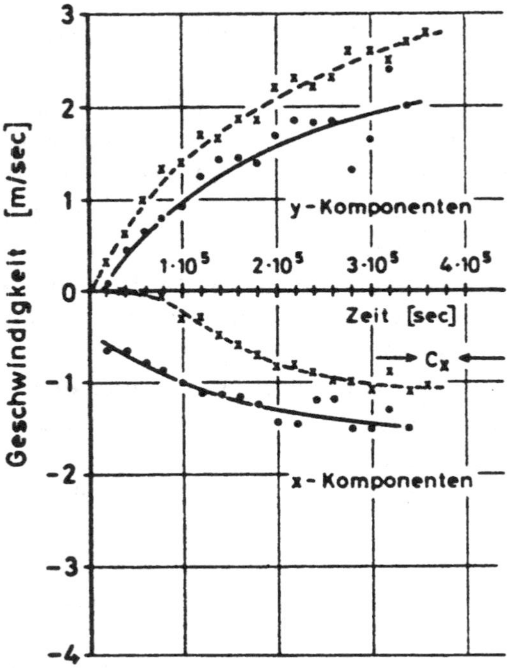

Abb. 3: Zeitlicher Gang der Translationsgeschwindigkeit (gestrichelt) und Verlagerungsgeschwindigkeit (ausgezogen). c_x gibt den theoretischen Wert der Verlagerung des Kreiswirbels für t = O an

Komponente z.B. müßte, da $\frac{\partial \zeta}{\partial x} / \nabla^2 F$ für r = O in (2o) als verhältnismäßig klein anzusehen ist, die Wirbelverlagerung gleich der Steuerung durch das Translationsfeld sein; die beiden diesbezüglichen Kurven fallen jedoch nicht zusammen, wie Abb. 3 erkennen läßt. Hinsichtlich der x-Komponente sollte die Differenz beider Kurven im wesentlichen dem Betrag der "internen" Geschwindigkeit $\beta R^2/4 = 0{,}94 \frac{m}{sec}$ gleich sein; auch das ist nicht der Fall, nicht einmal im Anfang, wo die wirkliche Verlagerung - o,67 m/sec beträgt. Eine wesentlich bessere Übereinstimmung ergibt sich jedoch, wenn der gesamte Ausdruck (2o) mit $g(\lambda^2)$, definiert durch (6), multipliziert wird. Für den vorliegenden Fall wird $g(\lambda^2) = 0{,}79$ und damit die theoretische Verlagerung für t = O nach (12) $c_x = -0{,}74$ m/sec. Dieser Wert ist auch in die Abb. 3 eingetragen und zeigt eine zufriedenstellende Übereinstimmung mit der Anfangsverlagerung.

Erwartungsgemäß sollte sich die Berücksichtigung von λ^2 in einer Verbesserung der Resultate auswirken; eine Multiplikation des gesamten Ausdrucks (2o) nach dem auf exakter Grundlage gefundenen "Rezept" (12) erscheint zwar sinnvoll, die Berechtigung dieser Prozedur ist jedoch mathematisch schwer nachzuweisen, da hierzu die genaue Form des Translationsfeldes bekannt sein müßte. An dieser Stelle soll auch noch einmal angemerkt werden, daß die Voraussetzung (19) für die Form des Translationsfeldes für das vorliegende Beispiel nicht zuzutreffen braucht, in welchem Fall die Beziehung (2o) fehlerhaft wäre, was den Einfluß von $\bar{u}$ und $\bar{v}$ anbelangt. Wie dem auch sei, ein weiteres Beispiel wird zeigen, daß die Multiplikation von (2o) mit $g(\lambda^2)$ zu einer besseren Übereinstimmung von Theorie und Praxis zu führen scheint.

Die erwähnten Abweichungen sind besonders in den Komponenten spürbar. Vergleicht man die Absolutbeträge der Verlagerung und der Steuerung miteinander, so ergeben sich kleinere Differenzen, die den Anschein erwecken, als ob die Steuerung fast ausschließlich die Verlagerung bewirkt. Vielleicht könnte so das Ergebnis von W. Klug, 1956, erklärt werden, das in dieser Richtung lag, wenn auch bei seiner Auswertung Abweichungen bis zu 2o% auftraten. Bei den tropischen Zyklonen wird hingegen die Steuerung durch das Translationsfeld praktisch mit der Verlagerung übereinstimmen, da wegen ihres geringen "Radius" R ~ 25o km der "interne" Beitrag zur Verlagerung relativ gering ist; es besteht also hier kein Widerspruch gegen die Ergebnisse von E. Jordan, 1952, u.a.

Die Entstehung des Translationsfeldes als wesentlicher - wenn auch nicht ausschließlicher - Bestandteil der Wirbelverlagerung im Laufe der Entwicklung unserer Zyklone und der wachsende Energieanteil dieses Feldes sind die hervorstehenden Merkmale unseres numerischen Experiments. Die Bildung des Translationsfeldes erfolgt, wie Abb. 3 deutlich zeigt, nach den Richtlinien, die sich bereits aus der analytischen Behandlung des vorigen Abschnitts ergaben: Ausgehend vom kreissymmetrischen Anfangszustand erfolgt zunächst eine Überlagerung des Wirbelsystems durch eine positive Meridionalkomponente; diese bewirkt kinematisch nach (8) eine Versetzung des Zyklonenkerns nach Westen. Danach gewinnt zusätzlich eine negative Zonalkomponente der Überlagerung an Bedeutung, die wiederum kinematisch einer Versetzung des Wirbelkerns nach Norden gleichkommt; sowohl die Meridional- als auch die Zonalkomponente des Translationsfeldes und der Verlagerungsgeschwindigkeit verstärken sich mit der Zeit. So entsteht eine beschleunigte Verlagerung des Tiefs in eine Richtung, die zwischen West und Nord liegt. Diese Drift kann man formal einteilen in einen Steuerungsanteil "von außen" durch das überlagerte Translationsfeld und in einen Anteil "von innen", der der Westwärtsverlagerung einer kreissymmetrischen Zyklone entspricht (siehe Gl.(12) oder (2o)). Es muß aber festgehalten werden, daß diese Zweiteilung in unserem Beispiel rein formal ist, da dynamisch gesehen keine Trennung möglich ist, welche die Ausdrücke "von außen" und "von innen" rechtfertigen; die Gesamtverlagerung beruht einzig und allein auf dem Parameter ß. Die relative Vorticity im Wirbelkern schwächt sich bei der meridionalen Verlagerungskomponente ab, da die absolute Vorticity konstant bleiben muß. Da die kinetische Energie des gesamten Systems sich praktisch nicht ändert, muß man folgern, daß die Wirbelenergie allmählich in die Translationsenergie überführt wird, wie Ende des vorigen Abschnitts bereits angedeutet wurde.

Im folgenden soll ein weiteres Beispiel zur Wirbelverlagerung angeführt werden. Zum Unterschied gegen früher wird anstelle von ß ein meridionaler Gradient in der Tiefenverteilung eingeführt, so daß

$$ß^* = -\frac{\eta}{h}\frac{\partial H}{\partial y} \quad \text{ist, wobei} \quad -\frac{f_o}{H}\frac{\partial H}{\partial y} = 1,5 \cdot 10^{-11}\ m^{-1}\ sec^{-1}$$

gesetzt wird. Diese Wahl des Tiefengradienten bewirkt einen Effekt in gleicher Richtung, wie der vorher benutzte Parameter ß. Die Entstehung des Wirbels erfolgt durch ein Senkenfeld $w_o(r)$ am Boden der Flüssigkeit,

wobei $$w_o = -e^{-(r/R)^2}\ \left(\frac{cm}{sec}\right),\ R = 5oo\ km \text{ beträgt.}$$

Die sonstigen Parameter gleichen dem ersten Beispiel. Das Absaugen der Flüssigkeit wurde solange fortgeführt, bis die "Drucktiefe" im Zentrum des entstehenden Tiefs den vorher festgelegten Wert $\emptyset_o = -15oo\ (m/sec)^2$ erreicht hatte (die allgemeine Senkung der Oberfläche ist dabei bereits eliminiert). Das war nach etwas weniger als loo Zeitschritten (= lo^5 sec) der Fall. Danach blieb der Wirbel sich selbst überlassen. Als Ausgangszeit für die folgenden Betrachtungen gilt der Zeitpunkt lo^5 sec.

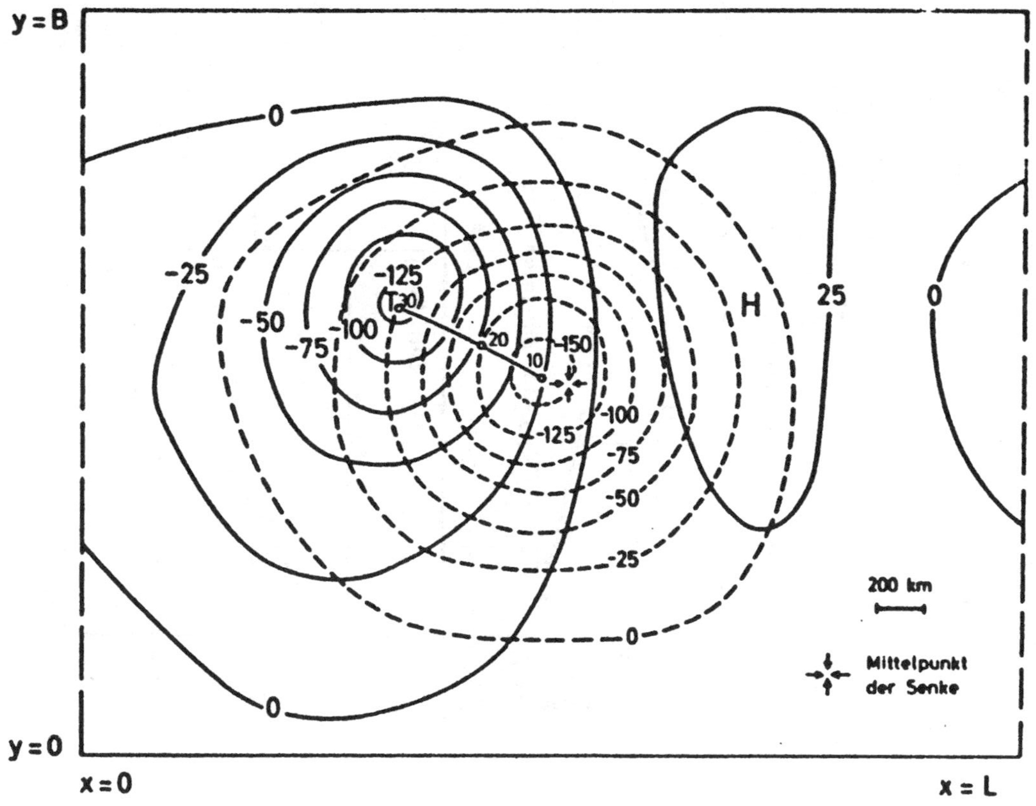

Abb. 4: Feld der Oberflächentopographie ϕ = const [dyn. m.] zur Zeit t = 10 · 10^4 sec (gestrichelt) und t = 30 · 10^4 sec (ausgezogen) sowie der in diesem Zeitschritt zurückgelegte Weg des Wirbelzentrums. Die Zahlen an dieser Spurlinie geben die Zeit [10^4 sec] der markierten Positionen an.

Die Abb. 4 zeigt sowohl das Druckfeld zur Ausgangszeit (dünn gestrichelt) als auch 200 Zeitschritte später im Zeitpunkt $3 \cdot 10^5$ sec; zudem ist der vom Zentrum beschrittene Weg eingetragen. Gegenüber der entsprechenden Abb. 2 besteht ein Unterschied darin, daß der Wirbel ausgedehnter ist und seine Bahn westlicher verläuft. Während Abb. 4 zur Ausgangszeit noch fast Kreissymmetrie des Wirbels zeigt, ist zum späteren Zeitpunkt eine ausgeprägte Asymmetrie - ähnlich wie im vorigen Beispiel - zu erkennen.

Abb. 5 gibt entsprechend Abb. 3 die Komponenten der Verlagerung und der Translation an. Die jeweiligen Kurven zeigen z. T. beträchtliche Unterschiede, die wiederum nicht durch (20) erklärt werden können. Anders als im ersten Beispiel scheinen die Komponenten des Translationsfeldes

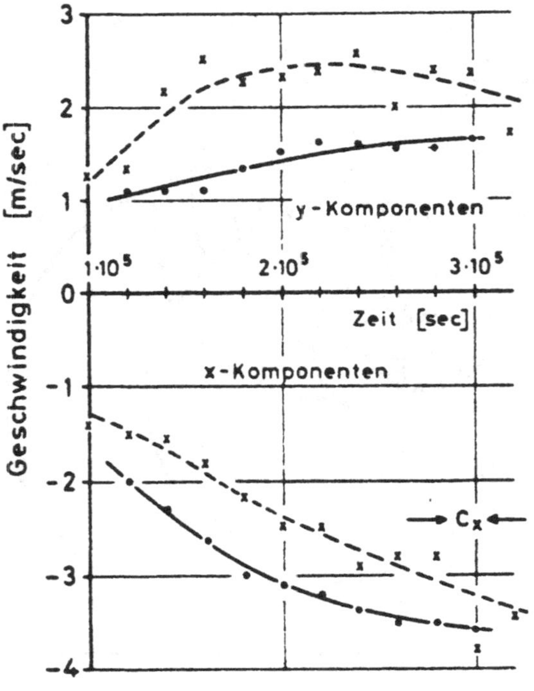

Abb. 5: Zeitlicher Gang der Translationsgeschwindigkeit (gestrichelt) und der Verlagerungsgeschwindigkeit (ausgezogen). c_x gibt den theoretischen Wert des kreissymmetrischen Wirbelanteils für $t = 20 \cdot 10^4$ sec an

sich nach einer gewissen Zeit einem konstanten Wert anzunähern. Die Verlagerungsgeschwindigkeit nimmt dagegen laufend zu; eine nach Norden gerichtete Beschleunigung fehlt jedoch, da der Kurs der Zyklone praktisch gradlinig verläuft.

Wenn auch die Form des Wirbels nicht exakt der Gleichung (23) gehorcht, so konnte sie doch näherungsweise verwandt werden, sofern R = 620 km gewählt wurde. Das ergibt eine "interne" Verlagerung

$$\frac{\eta \partial H}{h \partial y} R^2/4 = -3{,}47 \text{ (m/sec)},$$

wobei ($\frac{\eta}{h}$) im Zentrum gemessen wurde. Mit $g(\lambda^2) = 0{,}68$ folgt theoretisch nach (12) $c_x = -2{,}35$ (m/sec). Dieser Wert ist ebenfalls in Abb. 5 eingetragen. Multipliziert man (20) mit $g(\lambda^2)$, so daß der theoretische Verlagerungsvektor $\left\{ g(\lambda^2)\,\bar{u} - 2{,}35 \, g(\lambda^2)\,\bar{v} \right\}$ ($\bar{u}$, $\bar{v}$ in m/sec) folgt, so ergibt sich eine zufriedenstellende Übereinstimmung mit der wirklichen Verlagerung. Das wird an der nächsten Abbildung deutlich (Abb. 6).

Abb. 6 gibt einen Einblick in den Aufbau des Geschwindigkeitsfeldes des wandernden Wirbels. Aufgetragen sind die Linien gleichen Geschwindigkeitsbetrages zur Zeit $t = 2 \cdot 10^5$ sec, sowie Richtung und Betrag der theoretischen und wirklichen Verlagerung sowie des Translationsfeldes. Augenscheinlich fallen die Vektoren der Wirbeldrift und der Steuerung durch das Translationsfeld nicht zusammen, was auch nicht erwartet werden sollte. Der Steuerungsvektor weist in eine nördlichere Richtung als die Verlagerungsvektoren. Der theoretische Verlagerungsvektor, wie er soeben definiert wurde, zeigt hingegen eine gute Übereinstimmung mit der tatsächlichen Drift. Die Theorie gibt einen etwas größeren Betrag als die Praxis (4,3 m/sec gegen 3,7 m/sec), die Richtungen sind jedoch fast gleich. In Abb. 6 spiegelt sich die Asymmetrie des Wirbels besonders deutlich wider. So beträgt nordöstlich des Kerns die Geschwindigkeit maximal 17,5 m/sec, während sie auf der gegenüberliegenden Seite maximal nur 10,6 m/sec erreicht. Das entspricht der Translationsgeschwindigkeit von 3,4 m/sec, deren Richtung senkrecht zur Verbindungslinie vom Maximalwert zum Zentrum steht.

Die Abb. 6 besitzt eine erstaunliche Ähnlichkeit mit einer entsprechenden Darstellung für den Tangentialwind in der Untersuchung von W. Klug,

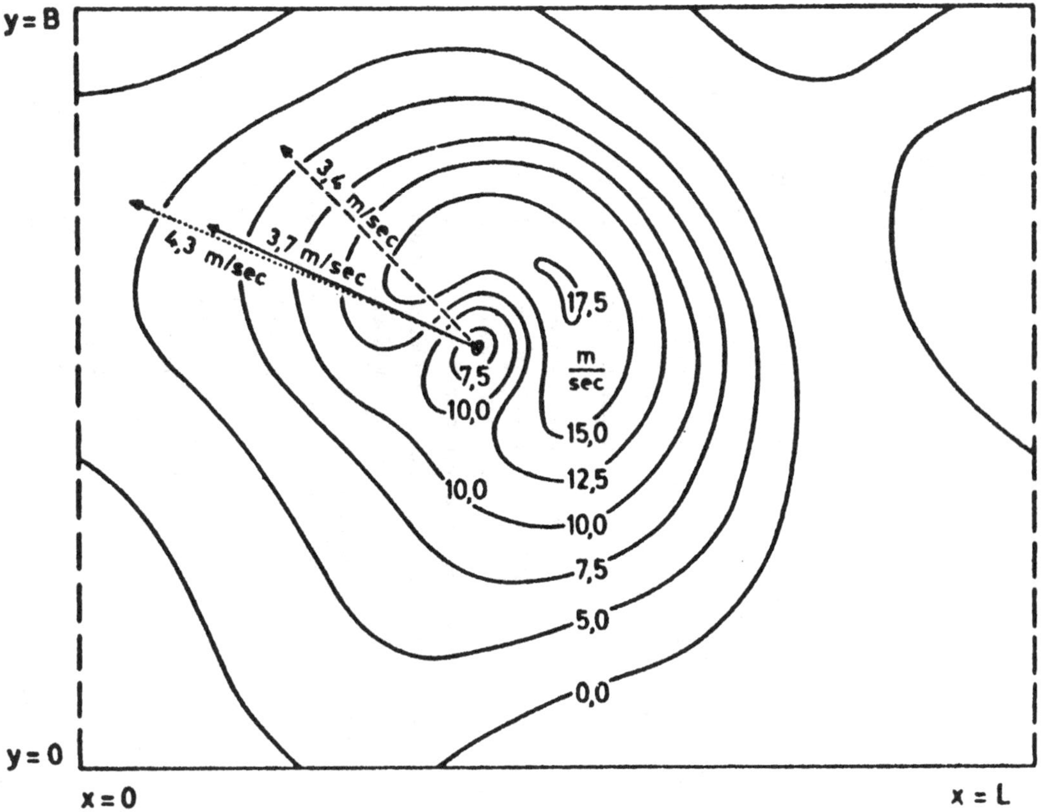

Abb. 6: Feld der Absolutgeschwindigkeit [m/sec] und Vektoren der Verlagerung (ausgezogen) und Translation (gestrichelt) zur Zeit $t = 20 \cdot 10^4$ sec. Der punktierte Vektor zeigt die theoretisch berechnete Verlagerung.

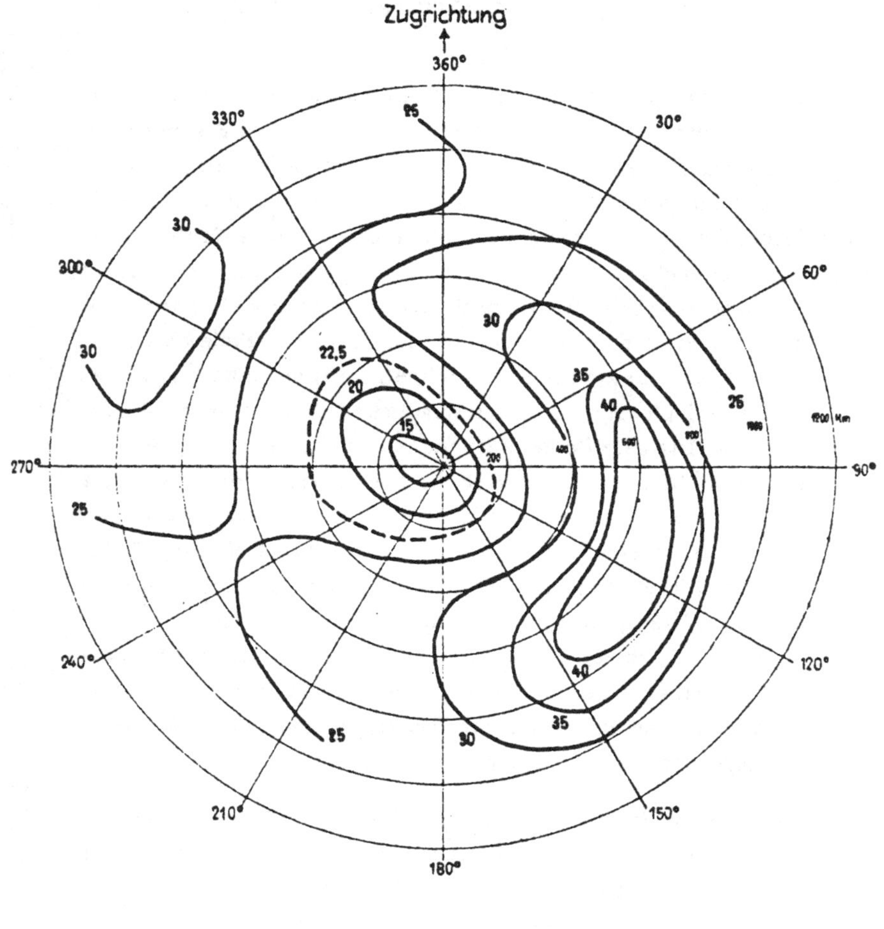

Abb. 7: Mittel der tangentialen Windgeschwindigkeitskomponente in 500 mb [kn], errechnet aus 16 Fällen hochreichender Zyklonen der mittleren Breiten (nach Klug)

1956. Diese Darstellung ist hier in Abb. 7 übernommen worden. Auch die von H. Riehl, 1954 und J. Colon, 1961 gezeigten Beispiele über die Windstruktur tropischer Zyklonen im Zusammenhang mit ihrer Verlagerung ergeben ähnlich gute Übereinstimmung mit dem Aufbau unserer synthetischen barotropen Zyklone.

Es scheint jedoch schwieriger zu sein zu entscheiden, ob in der Natur der Aufbau eines steuernden Translationsfeldes mit der Fortentwicklung der Zyklone einhergeht, oder ob das Translationsfeld als großräumiges Feld der allgemeinen Zirkulation bzw. des großräumigen thermischen Feldes dem kreissymmetrischen Wirbelanteil "von außen" zufällig aufgeprägt wird und somit mit ihm nicht direkt dynamisch verbunden ist. Letztere Annahme scheint für die hochtroposphärischen Wellenstörungen der gemäßigten Breiten zuzutreffen, die sich aus quasizirkulären Hoch- und Tiefdruckgebieten am Boden (als Wirbelanteil) und einem allgemein nord-südlich verlaufenden Temperaturgradienten (Translationsfeld) zusammensetzen. Die Begriffe Bewegungsteuerung und thermische Steuerung weisen in diese Richtung. Viele hochreichende Zyklonen sind aus einem zirkulären Kaltlufttropfen aufgebaut, dem mehr oder minder gradlinig verlaufende Bodenisobaren darunter überlagert sind. Der den Bodenisobaren entsprechende Gradientwind steuert dann das Höhentief, wie R. Scherhag, 1937, aus Beobachtungen nachweisen konnte. Raethjen, 1937, interpretierte diesen Gradientwind als das Translationsfeld, welches nach der Margules-Stüveschen Gleichgewichtsbedingung sich dem mit der Höhe zunehmenden kreissymmetrischen Wirbelanteil überlagert und diesen steuert.

Auf der anderen Seite muß der Aufbau des totalen Bewegungsfeldes, wie es Abb. 6 zeigt, mit Beschleunigungen der Massen einhergehen, die im SO-Quadranten eine Komponente zum Wirbelkern hin, im NW-Quadranten eine Komponente aus dem Kern heraus bewirken. Diese ageostrophischen Komponenten spiegeln direkt das Translationsfeld in der Achse seiner Bewegungsrichtung wider. Diese Betrachtung gründet sich schon auf einen dynamischen Zusammenhang zwischen Wirbel- und Translationsfeld; letzteres ist augenscheinlich nur auf das Gebiet des Wirbels beschränkt - d. h. ist kein Glied des großräumigen Bewegungsfeldes in der Umgebung des Wirbels. Die Auswertung der Geschwindigkeitskomponenten u und v ergab in der Tat ageostrophische Komponenten, deren Größe und Richtung für r = O im Einklang mit der des Translationsfeldes standen.

Im großen und ganzen ist der "interne" Beitrag zur Verlagerung des Wirbels relativ klein, so daß man mit gewisser Berechtigung aussagen kann, daß der Wirbel durch das jeweilige Translationsfeld gesteuert wird. Aber auch die aus synoptischen Werten gewonnene Abb. 7 zeigt keine genaue Übereinstimmung zwischen Steuerungsrichtung (senkrecht zur Verbindung: Punkt des Maximalwindes-Zentrum) und Verlagerungsrichtung. Leider ist letztere nicht in absoluten Werten angegeben, so daß das Azimut der Zugrichtung nicht bekannt ist. Doch gewinnt man dasselbe Bild wie in Abb. 6. Die Verlagerungsrichtung des Wirbels liegt links von der Steuerungsrichtung mit einem Unterschied von ca. 20° (in Abb. 6, 21°). Ebenso folgt aus der Tabelle 2 in der Untersuchung von W. Klug, daß allgemein die Verlagerung dem Betrage nach etwas größer ist als die Steuerung durch das Translationsfeld. Auch das steht im Einklang mit der vorliegenden Untersuchung; das zeigt ebenfalls die Beziehung (20). Die Differenzen führt Klug auf Ungenauigkeiten in seinem Material zurück, die teils schon in den synoptischen Werten, teils in seiner Auswertemethode liegen. Wahrscheinlich deuten jedoch die Abweichungen auf die Tatsache hin, daß physikalisch gesehen keine Übereinstimmung zwischen Verlagerungsvektor und Steuerungsvektor bestehen darf.

Die große Frage, die schon mehrfach angeschnitten wurde, ist und bleibt: Bildet sich das Translationsfeld in der Natur ebenso wie in unseren Beispielen, und wie ist es in einem baroklinen Feld aufgebaut, d. h., welcher Zusammenhang besteht zwischen dem Bewegungsfeld und dem Temperaturfeld des wandernden Wirbels. Hierbei sollte der Effekt von β^* und nicht nur von β allein betrachtet werden.

Unsere Ergebnisse bringen zwar qualitativ und z. T. auch quantitativ eine gute Übereinstimmung zwischen Theorie und Praxis; es wurde jedoch nicht geklärt, welche Größe und Richtung das Translationsfeld als Funktion von β^* und anderen Parametern im Laufe der Zeit annimmt.

Das würde auch beantworten, worauf die Unterschiede in den beiden Beispielen in Bezug auf die Verlagerungsrichtung und -größe der Wirbel zurückzuführen sind und ob dabei Einflüsse von den Rändern eine Rolle spielen. Weitere Untersuchungen in dieser Hinsicht werden durchgeführt.

Literatur

[1] ADEM, J., A series solution for the barotropic vorticity equation and its application in the study of atmospheric vortices. Tellus VIII, pp. 364-372, 1956

[2] COLON, J. A. et al., On the structure of hurricane Daisy. National Hurricane Res. Project, Rept. No. 48, lo2 pp, 1961

[3] FISCHER, G. und R. W. EHLERS, Vergleich dreier Differenzen-Verfahren zur numerischen Integration der "primitiven Gleichungen" für ein barotropes divergentes Modell der Atmosphäre. Tellus XIX, 3, 1967

[4] FLOHN, H., Die Revision der Lehre vom Passatkreislauf, Met. Rdschau 6, 1/2, S. 1-6, 1953

[5] GENTRY, R. C., Forecasting the movement of tropical cyclones. Proceedings of the Symposium on Tropical Meteorological, Rotorua, New Zealand, 1963, pp. 683-7o1

[6] HØILAND, E., On horizontal motion in a rotating fluid. Geof. Publ. XVII, lo, pp. 1-26, 195o

[7] JORDAN, E. S., An observational study of the upper wind circulation around tropical storms. J. Meteor. 9, pp. 34o-346, 1952

[8] KASAHARA, A., The numerical prediction of hurricane movement with the barotropic model. J. Meteor. 14, pp. 386-4o2, 1957

[9] KASAHARA, A., A comparison between geostrophic and non-geostrophic numerical forecasts of hurricane movement with the barotropic steering model. J. Meteor. 16, pp. 371-384, 1959

[lo] KLUG, W., Der Mechanismus der Steuerung von hochreichenden Zyklonen. Met. Abhandlg. F. U. Berlin III, 2, 42 Seiten, 1956

In der Reihe "Hamburger Geophysikalische Einzelschriften" (bis einschließlich Heft 3 "Geophysikalische Einzelschriften") sind bisher erschienen:

Heft 1 Raethjen, P.
Kurzer Abriß der Meteorologie - dynamisch gesehen, Wärmehaushalt der Atmosphäre, Hamburg 1950

Heft 2 Raethjen, P.
Frontalzyklogenesis, Hamburg 1954

Heft 3 Raethjen, P.
Kurzer Abriß der Meteorologie - dynamisch gesehen, Zirkulationen der Atmosphäre, Hamburg 1954

Heft 4 Zur Dynamik des jet stream, Hamburg 1961, in zwei Abhandlungen:

Raethjen, P.
Gleichgewichtsstörungen im nichtstationären jet stream
Disturbance of balance of the nonsteady jet stream

Höflich, O.
Konvektionsfronten und Druckfeldänderungen im jet stream
Convection fronts and development of pressure pattern in the jet stream

Heft 5 Strobach, K.
Ein Beitrag zum Problem der Entstehung und der Wellennatur der mikroseismischen Bodenunruhe, Hamburg 1962

Heft 6 Jeske, H.
Die Ausbreitung elektromagnetischer Wellen im cm- bis m-Band über dem Meer unter besonderer Berücksichtigung der meteorologischen Bedingungen in der maritimen Grenzschicht, Hamburg 1965

Heft 7 Höflich, O.
Biometeorologische Untersuchungen von Phantomschmerzen, Hamburg 1966

In der Reihe "Berichte des Instituts für Radiometeorologie und Maritime Meteorologie an der Universität Hamburg, Institut der Fraunhofer-Gesellschaft" (Direktor: Prof. Dr. K. Brocks) sind bisher erschienen:

Bericht Nr. 1: Brocks, K.
Meteorologische Untersuchungen der elektromagnetischen Wellenausbreitung im Cm- bis M-Band vor der deutschen Nordseeküste, Hamburg 1958

Bericht Nr. 2: Brocks, K.
Feldstärkeregistrierungen auf Richtfunkstrecken im Cm- bis M-Band über der Nordsee und ihre Beziehungen zu meteorologischen Vorgängen, Hamburg 1959

Bericht Nr. 3: Brocks, K.
Richtfunkstrecken über See - Feldstärkewerte, Hamburg 1960

Bericht Nr. 4: Brocks, K. und H. Jeske
Analyse gleichzeitiger Feldstärkeregistrierungen über der Nordsee auf den Frequenzen 7; 2; 0,6; 0,2 und 0,16 GHz. Hamburg 1961

Bericht Nr. 5: Brocks, K., H. Cassebaum und H. Jeske
Richtfunkstrecken über See - Feldstärkewerte, Teil II, Hamburg 1962

Bericht Nr. 6: Brocks, K., H. Cassebaum, G. Fengler und H. Jeske
Meteorologische Beobachtungen in der Helgoländer Bucht 1956-1961. Hamburg 1963

Bericht Nr. 7: Brocks, K., G. Fengler und H. Jeske
Radiometeorological Papers
Radiometeorologische Vorträge, Hamburg 1963

Bericht Nr. 8: Fengler, G.
Untersuchungen der elektromagnetischen Wellenausbreitung im 500 MHz-Bereich über Land unter besonderer Berücksichtigung der meteorologischen Bedingungen, Hamburg 1964

Nr. VII Brettschneider, G.
Anwendung des hydrodynamisch-numerischen Verfahrens zur Ermittlung der M_2-Mitschwingungsgezeit der Nordsee. Hamburg, Januar 1967

Nr. VIII Brettschneider, G.
Modelluntersuchungen der Gezeiten der Nordsee unter Anwendung des hydrodynamisch-numerischen Verfahrens. Hamburg, Juni 1967

Nr. IX von Trepka, L.
Anwendung des hydrodynamisch-numerischen Verfahrens zur Ermittlung des Schelfeinflusses auf die Gezeiten in Modellkanälen und Modellozeanen.
Hamburg, Juni 1967

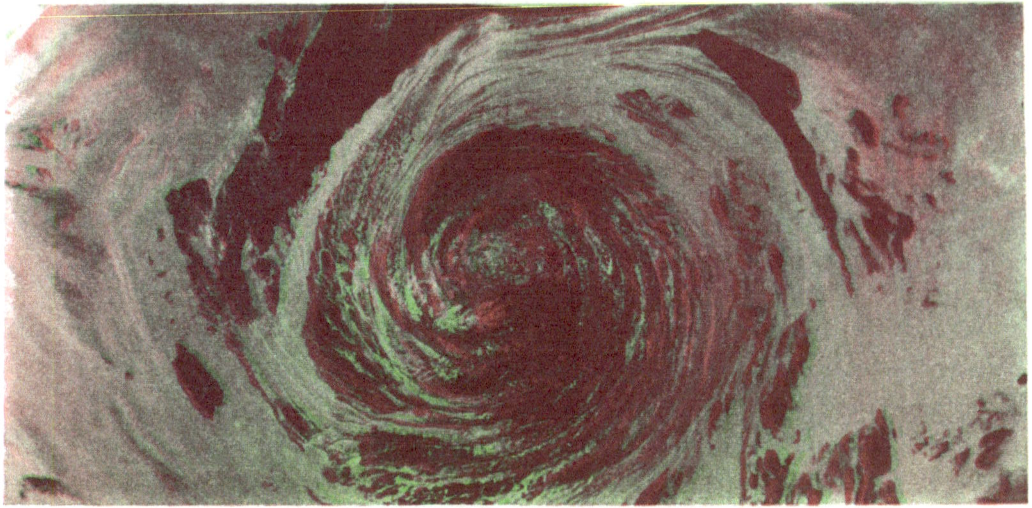

K. Knolle Abb. 3

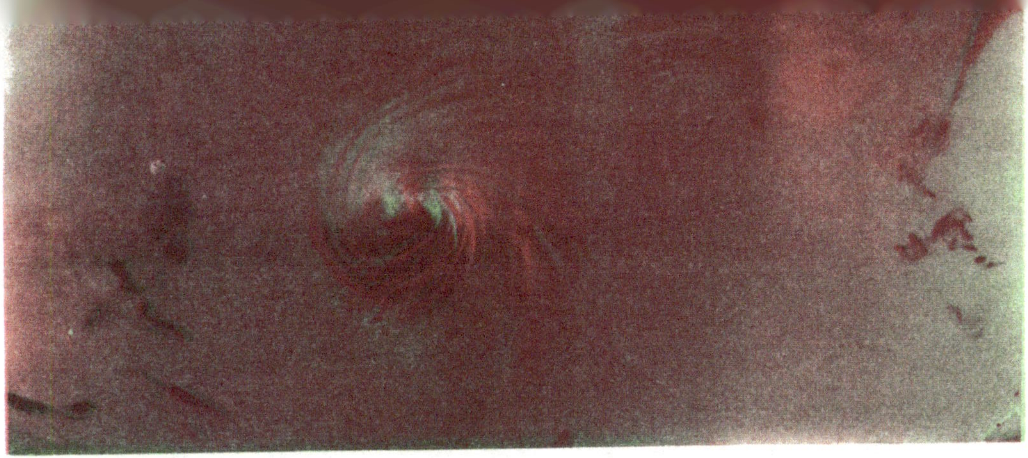

K. Knolle Abb. 4

Beim Betrachten der Stereobilder (Anaglyphen) Rot-Grün-Brille benutzen (grünes Glas-rechtes Auge, rotes Glas-linkes Auge). Der Tiefeneindruck tritt nach ca 15 bis 30 sec Betrachtungszeit ein.

Druck und Farben:

FSC
www.fsc.org
MIX
Papier | Fördert gute Waldnutzung
FSC® C083411

Kolibri 360 GmbH
Ferdinand-Jühlke-Straße 7
99095 Erfurt, Deutschland
produktsicherheit@kolibri360.de